Einsatz von Vibrationen und Ultraschall
in der Züchtung von Halbleiterkristallen
für die Photovoltaikindustrie

Einsatz von Vibrationen und Ultraschall in der Züchtung von Halbleiterkristallen für die Photovoltaikindustrie

Von der Fakultät für Elektrotechnik und Informatik
der Gottfried Wilhelm Leibniz Universität Hannover

zur Erlangung des akademischen Grades

Doktor-Ingenieur

genehmigte

Dissertation

von

Dipl.-Wirtsch.-Ing. Bernhard Ubbenjans
geboren am 11. August 1983 in Koblenz

2012

Bibliografische Information der Deutschen Nationalbibliothek
Die Deutsche Nationalbibliothek verzeichnet diese Publikation in der Deutschen Nationalbibliographie; detaillierte bibliografische Daten sind im Internet über http://dnb.d-nb.de abrufbar.
1. Aufl. - Göttingen: Cuvillier, 2012
Zugl.: Hannover, Univ., Diss., 2012

978-3-95404-298-2

Referent: Prof. Dr.-Ing. Bernard Nacke
Korreferent: Prof. Dr.-Phys. Andris Jakovičs
Tag der Promotion: 09. November 2012

Umschlagbild: „Erster unter Ultraschalleinfluss gewachsener Germaniumeinkristall"
(Foto: Institut für Kristallzüchtung, Berlin)

Nonnenstieg 8, 37075 Göttingen
Telefon: 0551-54724-0
Telefax: 0551-54724-21
www.cuvillier.de

1. Auflage, 2012
Gedruckt auf säurefreiem Papier

978-3-95404-298-2

Vorwort

Die vorliegende Dissertation entstand während meiner Tätigkeit als wissenschaftlicher Mitarbeiter am Institut für Elektroprozesstechnik der Gottfried Wilhelm Leibniz Universität Hannover. Mein besonderer Dank gilt Herrn Prof. Dr.-Ing. Bernard Nacke, der mir als Leiter des Instituts für Elektroprozesstechnik die Durchführung meiner Arbeit ermöglichte. Durch seine Anregungen und Fragen hat er im Wesentlichen zum Gelingen dieser Dissertation beigetragen.

Herrn Prof. Dr.-Phys. Andris Jakovics vom *Laboratory for mathematical modelling of environmental and technological processes* der Universität Lettlands in Riga danke ich für sein Engagement bei der Übernahme des Korreferats. Mein weiterer Dank gilt Herrn Prof. Dr.-Ing. Ernst Gockenbach für seinen Beitrag zum Promotionsverfahren als Vorsitzender der Prüfungskommission.

Weiterhin bedanke ich mich bei meinen Kolleginnen und Kollegen des Instituts für Elektroprozesstechnik für die gute Zusammenarbeit und das freundschaftliche und angenehme Arbeitsklima, das mir stets in bester Erinnerung bleiben wird.

Herrn Prof. Dr. Peter Rudolph und Frau Dr. Christiane Frank-Rotsch vom Leibniz-Institut für Kristallzüchtung in Berlin danke ich für die gute Zusammenarbeit und die wertvollen Anregungen. Außerdem danke ich Herrn Dr. Janis Virbulis vom *Laboratory for mathematical modelling of environmental and technological processes* in Riga für die Unterstützung.

Meiner Familie, insbesondere meinen Eltern, danke ich für die Ermöglichung meines Ausbildungsweges und die aktive Unterstützung, Ermunterung und Motivation während der gesamten Zeit des Entstehens dieser Arbeit.

Kurzfassung

Die vorliegende Arbeit beschäftigt sich mit dem Einsatz von Ultraschall und niederfrequenten Vibrationen in der Kristallzüchtung. Das Ziel ist die optimierte Herstellung von Halbleitermaterial für die Photovoltaikindustrie. Der zukünftige Bedarf an industriell gefertigten Kristallen ist fokussiert auf die Steigerung des Ertrages bei einer gleichzeitigen Erhöhung der Kristallqualität. Dies erfordert die Kontrolle des Stofftransports innerhalb des Schmelzvolumens, welche durch den Einsatz von externen Kraftfeldern erreicht werden kann. Die verfügbare Bandbreite reicht dabei von Magnetfeldern über elektrische Felder bis hin zu mechanischen Kraftfeldern, zu denen auch der Einsatz von Ultraschall und Vibrationen gehört. Die Aufgabe dieser beiden Kraftfelder ist neben der Dämpfung von negativen Strömungsschwankungen insbesondere auch die Reduzierung der Dicke der schädlichen Diffusionsgrenzschicht, die zu morphologischen Instabilitäten führt. Resultierend kann die Wachstumsgeschwindigkeit des Kristalls erhöht werden und es wird die Gefahr des Einbaus von Fremdatomen reduziert.

In dieser Arbeit wurde die Wirkungsweise des Ultraschalls auf die Züchtung von Germanium im VGF-Verfahren analysiert. Dazu wurden sowohl numerische Simulationen als auch praktische Experimente durchgeführt. Mit den Softwareprogrammen ANSYS und FLUENT konnte die Schmelzenströmung simuliert werden. Hierbei wurde insbesondere auf die einsetzende Schlichtingströmung eingegangen, die an der Kristallisationsfront wirkt. Dabei wurde der Einfluss der beiden Parameter, Ultraschallfrequenz und Schallleitergeometrie, untersucht. Des Weiteren wurde auch die Überlagerung eines Ultraschallfeldes mit einem Wandermagnetfeld analysiert. Es konnte gezeigt werden, dass der Einsatz von Ultraschall ein wirkungsvolles Mittel zur Reduzierung der Diffusionsgrenzschichtdicke ist. Der Einsatz von niederfrequenten Vibrationen wurde mit dem Program FLUENT numerisch simuliert. Untersucht wurde die Wirkungsweise auf die globale Strömung von Galliumarsenid im VGF-Verfahren. Es zeigte sich, dass die Konvektion im Bereich zwischen Vibratorstempel und Phasengrenze stark erhöht werden kann. Der Einsatz von Vibrationen ist somit ebenfalls als Instrument zur Reduzierung der Dicke der Diffusionsgrenzschicht geeignet.

Schlagworte: Kristallzüchtung, VGF-Verfahren, Ultraschall, Vibrationen, numerische Simulation

Abstract

The subject of the present work is the application of ultrasound and low-frequency vibrations in crystal growth. The goal of these investigations is to optimize the production of semiconductor materials for the photovoltaic industry. The future demands of industrial bulk crystal growth from melt are concentrated on improved crystal quality and increased yield. In order to realize this, a proper control of mass transfer within the fluid phase is required. This can be achieved by applying external forces such as non-steady magnetic fields, electric current, mechanical or ultrasonic vibrations. Besides the damping of violent convective fluctuations, the diffusion boundary layer, causing morphological instability, has to be decreased. As a result the growth velocity can be enhanced, in the same sense as the risc of foreign particle incorporation is minimized.

This study analyzes the effect of ultrasound on the growth of germanium in the VGF-prozess. This analysis includes numerical simulations which were carried out as well as practical experiments. With the help of the software programs, ANSYS and FLUENT, the melt flow could be simulated. The main focus was on the analysis of Schlichting streaming that occur at the crystallization front and affect the diffusion boundary layer. The influence of the two parameters, ultrasonic frequency and geometry of the waveguide, have been examined. Furthermore, the superposition of an ultrasonic field with a traveling magnetic field was investigated. The result was that ultrasonic treatment can help to remove the harmful diffusion boundary layer very effectively. The use of low-frequency vibrations was simulated numerically by using the FLUENT software. The influence of vibrations on the global flow of gallium arsenide in the VGF-process was investigated. The simulations showed that the velocity of the convection in the area between the vibrator and the phase boundary can be increased. Therefore vibrations can be considered also as a suitable tool to reduce the diffusion boundary layer.

Keywords: crystal growth, VGF-process, ultrasound, vibrations, numerical simulations

Inhaltsverzeichnis

Formelverzeichnis

Variable Größen sind grundsätzlich kursiv (X) und Konstanten steil gesetzt (X). Vektorielle Größen werden fett dargestellt (**X**) und Amplitudenwerte mit einem Dach ($\hat{X}$).

Symbol	Einheit	Bezeichnung
Variablen		
A	m^2	Fläche
B	Vs/Am	Magnetische Flussdichte
C	–	Konzentration
d	m	Durchmesser
F	N	Kraft
$\mathbf{f}$	N/m^2	Kraftdichtevektor
f	Hz	Frequenz
I	W/m^2	Schallintensität
I	A	Elektrische Stromstärke
k	–	Wellennummer
L	m	Länge
P	W	Schallleistung
p	N/m^2	Druck
p	W/m^2	Wärmequellendichte
R	m/s	Geschwindigkeit der Kristallisationsfront
S	A/m^2	Elektrische Stromdichte
s	–	Kompression
T	K	Absolute Temperatur
t	s	Zeit
U	m/s	Schlichting Geschwindigkeit
v	m/s	Geschwindigkeit
x	m	Verschiebung oder Displacement

Symbol	Einheit	Bezeichnung
$\dot{x}$	m/s	Geschwindigkeit
$\ddot{x}$	m/s^2	Beschleunigung
z	m	Zurückgelegte Wegstrecke
α	°	Winkel
ϑ	°C	Temperatur
φ	°	Phasenwinkel
ω	Hz	Kreisfrequenz

Konstanten

Symbol	Einheit	Bezeichnung
$\mathbf{C}$	kg/s	Dämpfungsmatrix
c	m/s	Schallgeschwindigkeit
c_P	J/kg K	Spezifische Wärmekapazität
D	cm^2/s	Diffusionskoeffizient
E	GPa	Elastizitätsmodul
g	m/s^2	Erdbeschleunigung
K	GPa	Kompressionsmodul
$\mathbf{K}$	kg/s^2	Steifigkeitsmatrix
k_{eff}	–	Effektiver Verteilungskoeffizient
k_0	–	Gleichgewichtsverteilungskoeffizient
$\mathbf{M}$	kg	Massenmatrix
R	–	Reflexionsgrad zwischen zwei Medien
T_m	K	Schmelzpunkt
Z	kg/m s	Wellenwiderstand
α	1/s	Massenmatrixfaktor
α_D	1/m	Frequenzabhängiger Dämpfungsfaktor
β	1/K	Thermischer Ausdehnungskoeffizient
β	s	Steifigkeitsmatrixfaktor
β_c	–	Frequenzunabhängiger Steifigkeitsmatrixfaktor
δ	m	Grenzschichtdicke

Symbol	Einheit	Bezeichnung
η	kg/m s	Dynamische Viskosität
λ	m	Wellenlänge
μ_r	–	Relative Permeabilität
ν	–	Querdehnzahl
ξ	–	Konstantes Dämpfungsverhältnis
ρ	kg/m^3	Dichte
ρ	Ωm	Spezifischer elektrischer Widerstand

Indizes

0	–	Startwert
∞	–	Zustand bei unendlich guter Durchmischung
A	–	Akustik
A	–	Außen
a	–	Trägheit
Cu	–	Kupfer
D	–	Diffusion
GK	–	Germaniumkristall
GS	–	Germaniumschmelze
g	–	Thermischer Auftrieb
HD	–	Hydrodynamik
I	–	Innen
Kon	–	Konvektion
l	–	Longitudinal
l	–	Lorentzkraft
L	–	Schmelzflüssiger Bereich (liquid)
p	–	Druck
r	–	Reibung
S	–	Erstarrter Bereich (solid)
T	–	Tiegel
t	–	Transversal
U	–	Umgebungsmedium

x	–	x-Komponente
y	–	y-Komponente
z	–	z-Komponente
φ	–	φ-Komponente

Mathematische Sonderzeichen

div	–	Divergenz
grad	–	Gradient
i	–	Imaginäre Einheit
∇	–	Nabla-Operator

1 Einleitung

Die aktuelle Energieversorgung auf der Welt ist geprägt von einem immer knapper werdenden Vorrat an fossilen Energieträgern. Diese Ressourcenknappheit führt zu einer Steigerung der globalen Energiepreise mit entsprechenden Preisschwankungen. Des Weiteren steigt das Verantwortungsbewusstheit der Menschen zu Themen wie Umwelt- und Klimaschutz. Im Sinne einer nachhaltigen Energiepolitik muss die Menge der CO_2-Emissionen langfristig reduziert werden. Die Zukunft gehört daher den regenerativen Energieträgern, die Energie aus Sonne, Wasser, Wind, Biomasse und Geothermie erzeugen können. Ein besonderes Augenmerk liegt dabei auf der Stromerzeugung durch Photovoltaikanlagen, deren Ausbau insbesondere auch in Deutschland politisch gefördert wird.

Im Jahr 2010 wurden in der Bundesrepublik Deutschland 17 % der Bruttostromerzeugung durch regenerative Energien gedeckt, wobei knapp 2 % auf die Photovoltaik entfielen. Noch im Jahre 2005 wurden durch den Bereich Photovoltaik lediglich 0,2 % der Stromerzeugung gedeckt, was den enormen Zuwachs in dieser Sparte verdeutlicht [1]. Der wichtigste Rohstoff für die Nutzung des photovoltaischen Effektes ist Silizium, gefolgt von weiteren Halbleitermaterialien wie beispielsweise Germanium und Cadmiumtellurid. Das kostengünstigste Material auf dem Markt ist dabei das multikristalline Silizium, das einen Anteil von circa 46 % vom Gesamtmarkt ausmacht. Ein Grund dafür ist, dass Silizium als Rohstoff auf der ganzen Welt in ausreichend großen Mengen vorhanden ist. Des Weiteren kann multikristallines Silizium verhältnismäßig einfach hergestellt werden, indem das Rohmaterial einfach in Blockform gegossen wird. Trotz dieser einfachen Herstellungsmethode ist der Wirkungsgrad des Endproduktes vergleichbar mit Produkten aus konkurrierenden, deutlich aufwändigeren Verfahren.

Einen der größten Kostenblöcke bei der Herstellung von Solarmodulen stellen die Schmelz- und Kristallisationsprozesse dar, die allein schon 40 % der Produktionskosten ausmachen. Dies macht deutlich, welches Kosteneinsparpotential die Optimierung von Kristallisationsprozessen birgt. Die Kristallzüchter sind daher immer bestrebt, den Vorgang der Kristallisation noch wirtschaftlicher zu gestalten. Dies führt auf der einen Seite dazu, dass die Größe der zu produzierenden Kristalle stetig angehoben wird, um möglichst viele Wafer aus dem verwertbaren Anteil des Kristalls zu erhalten. Andererseits sind die Produzenten ambitioniert, die Qualität der Kristalle kontinuierlich zu verbessern, um den Wirkungsgrad der fertigen Solarzelle zu erhöhen. Diese beiden gegensätzlichen Zielvorgaben können nur durch verbesserte Bedingungen während des Kristallisationsvorganges erreicht werden. Durch die momentane Krise in der Solarindustrie wird sich dieser Trend zur Optimerung der Kristallzüchtung nur noch weiter verstärken. Nur durch immer effizientere Kristallzüchtungsverfahren wird sich der Produktionsstandort Deutschland langfristig am Weltmarkt behaupten können.

Um das Ziel größerer Kristalle zu erreichen, muss das Schmelzvolumen bei den verschiedenen Kristallzüchtungsverfahren angehoben werden. Auf Grund dieses immer größer werdenden Schmelzvolumens nehmen die konvektiven Störungen in der Schmelze zu, was wiederum Strömungsturbulenzen und damit auch Temperaturschwankungen im Volumen hervorruft. Diese Unregelmäßigkeiten in der Strömung führen zu Wachstumsstreifen im fertigen Kristall, die auch „Striations" genannt werden. Des Weiteren kann diese instationäre Konvektion die Form der fest-flüssigen Phasengrenze ungünstig beeinflussen und die Versetzungsdichte im Kristall erhöhen. Um diese negativen Einflüsse zu vermeiden, ist es von höchster Wichtigkeit, für eine stationäre Konvektion mit genau bestimmten Strömungseigenschaften während der Kristallisation zu sorgen.

Um dieses Ziel zu erreichen, müssen die internen Züchtungsparameter wie das Temperaturfeld, der Druck und die Wachstumsgeschwindigkeit durch externe Parameter vorgegeben werden. Dazu bietet sich der Einsatz externer Kraftfelder an, zum Beispiel in Form von elektrischen, magnetischen und mechanischen Kräften. Es ist bekannt, dass durch angelegte instationäre Magnetfelder die globale Strömung in der Schmelze positiv beeinflusst werden kann. Ein besonderes Augenmerk liegt bei der Beeinflussung durch externe Kraftfelder immer auf deren Einfluss auf die Dicke der Diffusionsgrenzschicht. Diese wirkt sich negativ auf die morphologische Stabilität aus und ist daher in ihrer Dicke möglichst klein zu halten.

In dieser Arbeit wird gezeigt, dass mittels Ultraschall, welcher zu den mechanischen Kraftfeldern gehört, die Dicke der unerwünschten Diffusionsgrenzschicht gezielt vermindert werden kann. Dazu wurden sowohl umfassende numerische Simulationen als auch praktische Experimente durchgeführt. Mit den beiden kommerziellen Softwareprogrammen ANSYS und FLUENT konnte das akustische Feld in der Schmelze und das daraus resultierende Strömungsfeld simuliert werden. Hierbei wurde insbesondere auf die Berechnung der einsetzenden Schlichtingströmung Wert gelegt, die an der Kristallisationsfront wirkt [2]. Es wurde der Einfluss von Ultraschallfrequenz und Schallleitergeometrie auf die internen Schmelzenparameter untersucht. Des Weiteren wurde auch die Überlagerung eines Ultraschallfeldes mit einem Wandermagnetfeld analysiert. Es konnte insgesamt gezeigt werden, dass der Einsatz von Ultraschall ein wirkungsvolles Mittel zur Reduzierung der Diffusionsgrenzschichtdicke ist.

Die beiden ersten Germaniumkristalle, die unter der Einwirkung des Ultraschallfeldes gezüchtet wurden, konnten dieses Ergebnis bestätigen. Ein weiterer Abschnitt dieser Arbeit beschäftigt sich mit dem Einsatz von niederfrequenten Vibrationen in der Kristallzüchtung. Dazu wurden numerische Simulationen mit dem Programm FLUENT durchgeführt, die die Wirkungsweise der Vibrationen auf die globale Schmelzenströmung von Galliumarsenid im VGF-Verfahren analysieren. Es zeigte sich, dass die Konvektion im Bereich zwischen Vibratorstempel und der fest-flüssigen Phasengrenze stark erhöht werden konnte. Es wurde somit gezeigt, dass auch der Einsatz von Vibrationen ein geeignetes Instrument zur Reduzierung der Dicke der Diffusionsgrenzschicht ist.

2 Grundlagen der Kristallzüchtung und Photovoltaik

In diesem Kapitel werden die Grundlagen der Kristallzüchtung von Halbleitermaterialien erläutert. Die Beherrschung der Kristallzüchtung ist einer der entscheidendsten Faktoren bei der Herstellung von hochwertigen Solarmodulen. In Abbildung 2.1 sind die Kostenanteile der verschiedenen Herstellungsschritte eines Solarmoduls an den Gesamtkosten dargestellt. Allein 40 % der Kosten entfallen auf die Kristallisation und die Waferverarbeitung. Weitere 40 % der Kosten entstehen bei der Verarbeitung der Solarzellen und die restlichen 20 % stellen Kosten der Modultechnik dar. Der Grund für diese hohen Materialkosten sind die enorm hohen Energiemengen, die für das Auf- bzw. Umschmelzen des Halbleitermaterials nötig sind. Dies macht deutlich, welches gewaltige Kosteneinsparpotential in der Weiterentwicklung und Optimierung von Kristallisationsprozessen liegt.

In Abschnitt 2.1 wird zunächst die Bedeutung der Solarenergie in der Energieerzeugung analysiert. Daraufhin wird in Abschnitt 2.2 der prinzipielle Aufbau einer Solarzelle beschrieben. In Kapitel 2.3 wird dann ein Überblick über die verschiedenen Kristallisationsverfahren gegeben, unterteilt in monokristalline und polykristalline Verfahren. Danach wird in Abschnitt 2.4 auf die prinzipiellen physikalischen Vorgänge bei der Kristallisation eingegangen. Es wird erläutert, welchen Einfluss die Segregation und die Konzentrationsgrenzschicht auf den Verlauf der Kristallisation haben. Zum Schluss werden in Abschnitt 2.5 Möglichkeiten zur Verbesserung des Kristallisationsvorganges aufgezeigt. Der Einsatz verschiedener externer Kraftfelder wird erläutert. Auf den Einsatz von Vibrationen und Ultraschall zur Beeinflussung der Kristallisation wird dann im darauffolgenden, separaten Kapitel 3 genauer eingegangen.

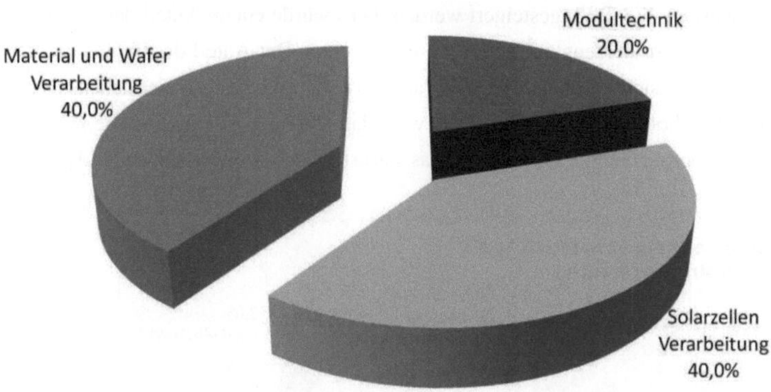

Abbildung 2.1: Anteile der unterschiedlichen Herstellungsschritte an den Gesamtkosten von Solarmodulen (Quelle: www.ise-solar.info)

2.1 Bedeutung der Solarenergie in der Energieerzeugung

Die immer knapper werdenden Vorräte an fossilen Energieträgern zwingen die Menschen zu einem Umdenken bezüglich ihrer Energieversorgung. Aus der Verbrennung von Kohle, Öl und Erdgas werden Kohlendioxid und andere schädliche Gase freigesetzt, die auf Grund des Treibhauseffektes Klimaveränderungen herbeiführen können. Die Erzeugung von elektrischer Energie aus Uran ist zwar CO_2-neutral, aber die nuklearen Katastrophen in den Atomkraftwerken in Fukushima haben gezeigt, dass es keine 100-prozentige Sicherheit im Umgang mit Kernkraftwerken geben kann. Der Ausstieg aus der Atomenergie ist in Deutschland politisch eine beschlossene Sache, was die Umstrukturierung der Energieerzeugung weiter beschleunigen wird.

In Abbildung 2.2 ist der Energiemix in Deutschland im Jahre 2010 dargestellt. Es wird deutlich, dass erneuerbare Energien bereits einen Anteil von 17 % an der gesamten Bruttostromerzeugung haben, was einer Energie von 101,7 TWh entspricht. Der Anteil der Photovoltaik macht insgesamt 2 % der Stromerzeugung aus und beträgt somit 12 TWh. Der Anteil der fossilen Energieträger dominiert allerdings immer noch die Stromerzeugung. Abbildung 2.3 zeigt eine Prognose der Stromerzeugung aus regenerativen Energien bis zum Jahre 2020. In dieser Abbildung sind die Anteile der einzelnen erneuerbaren Energien in einem gestapelten Diagramm dargestellt. Danach könnte der Anteil der erneuerbaren Energien von momentan

101,7 TWh auf insgesamt 278 TWh gesteigert werden. Dies würde einem Anteil der regenerativen Energien an der Stromerzeugung von 47 % entsprechen. Der Anteil der Photovoltaik zur Stromerzeugung wird sich von heute 12 TWh auf etwa 40 TWh fast vervierfachen. Der prozentuale Anteil der Photovoltaik im Jahre 2020 wäre damit etwa 7 %. Diese Sparte würde damit nach der Windenergie und der Geothermie das stärkste Wachstum verbuchen [1, 3].

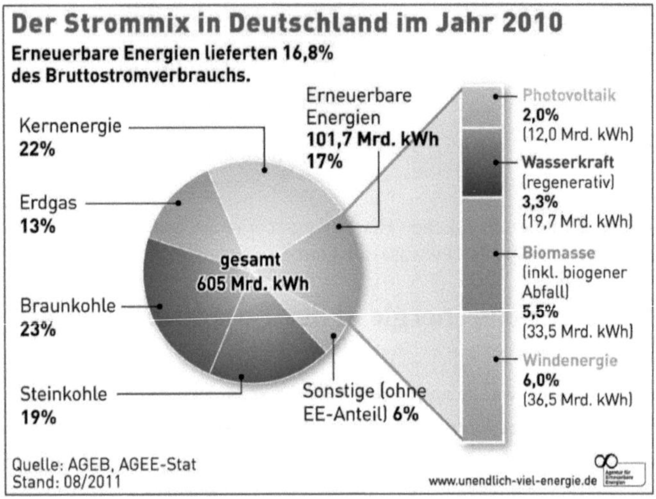

Abbildung 2.2: Anteile der verschiedenen Energieträger an der Bruttostromerzeugung in Deutschland im Jahre 2010 [1]

Der größte Vorteil der Solarenergie ist, dass sie quasi unbeschränkt vorhanden ist und so zu einer nachhaltigen Energieversorgung beiträgt. Regenerative Energien werden daher nicht nur in Deutschland, sondern weltweit an Einfluss gewinnen. Der größte Nachteil der Photovoltaik sind die hohen Kosten der Modulherstellung. Wie bereits beschrieben, ist der Hauptgrund dafür die hohe Energie, die zur Kristallisation des Halbleitermaterials nötig ist. Allerdings ist zu beobachten, dass der Preis stetig sinkt. Abbildung 2.4 zeigt die sogenannte Lernkurve von Photovoltaikmodulen aus kristallinem Silizium. Diese zeigt an, dass mit jeder Verdopplung der installierten Menge eine Preisreduktion um 20 % einher geht. Diese Regel konnte anhand der Daten in der letzten 30 Jahre abgeleitet werden. Eine Fortführung dieser Lernkurve, aber auch eine Beschleunigung, sind denkbar, wenn die notwendigen Ausgaben für Forschung und Entwicklung gesteigert werden.

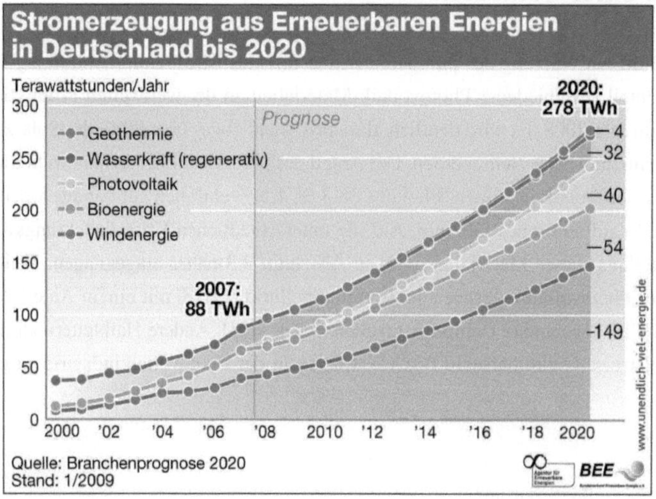

Abbildung 2.3: Prognose der Stromerzeugung aus regenerativen Energien in Deutschland bis 2020 [3]

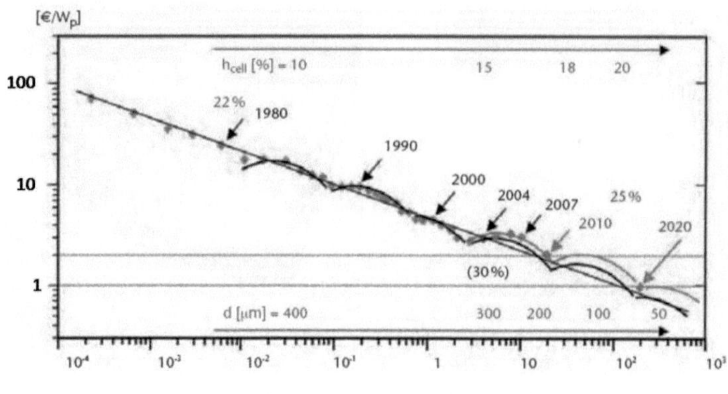

Abbildung 2.4: Preis-Lernkurve von PV-Modulen aus kristallinem Silizium [4]

2.2 Aufbau einer Solarzelle

Der wichtigste Stoff zur Nutzung des photovoltaischen Effektes ist Silizium. Abbildung 2.5 zeigt den Marktanteil verschiedener Photovoltaik-Materialien an der weltweiten Produktion von Solarzellen im Jahr 2008. Es wird deutlich, dass insgesamt etwas über 90 % der Solarzellen weltweit aus Silizium hergestellt werden. Der Anteil des polykristallinen Siliziums beträgt dabei 47,7 %, der des monokristallinen Siliziums 38,3 %, 1,5 % entfallen auf bandgezogenes Silizium und 5,1 % auf amorphes Silizium. Auf die unterschiedlichen Kristallzüchtungsverfahren zur Herstellung dieser Materialien wird in Abschnitt 2.3 näher eingegangen. Weitere Materialien der Photovoltaikindustrie sind Cadmiumtellurid (CdTe) mit einem Anteil von 6,4 % und CIGS/CIS, sogenannte Dünnschichtzellen, mit 1 % [5]. Andere Halbleitermaterialien, wie beispielsweise Galliumarsenid (GaAs), spielen in der Photovoltaikindustrie so gut wie keine Rolle.

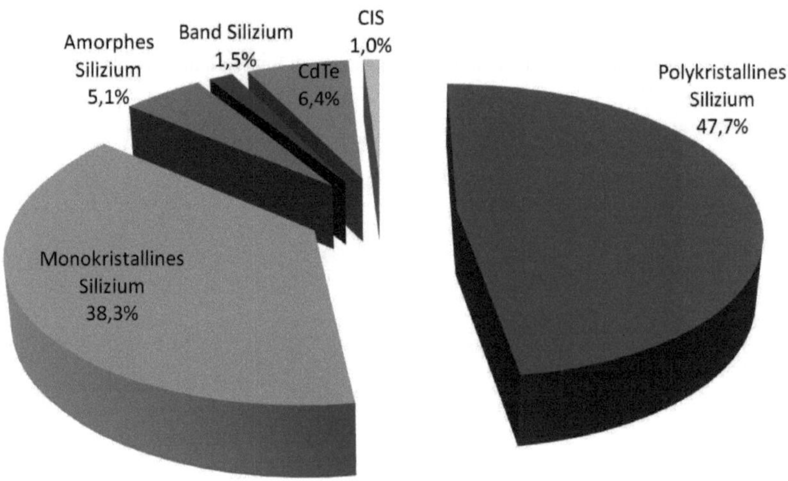

Abbildung 2.5: Marktanteil verschiedener PV-Materialien an der weltweiten Produktion von Solarzellen im Jahr 2008 [5]

Typische Wirkungsgrade für die unterschiedlichen Arten von Solarzellen sind in Tabelle 2.1 zusammengestellt. Es ist zu sehen, dass monokristallines Silizium mit 22 % bis 24,7 % den höchsten Wirkungsgrad besitzt. Allerdings ist der Herstellungsprozess aufwendig und damit sind die Zellen verhältnismäßig teuer. Poly- oder multikristallines Silizium hat einen etwas geringeren Wirkungsgrad als monokristallines Material mit 17,4 % bis 20,3 %. Dies ist auf Fremdeinschlüsse, Versetzungsbündel und Verunreinigungen zurückzuführen, die bei polykristallinem Material naturgemäß an den Phasengrenzen vorhanden sind. Trotz des etwas geringeren Wirkungsgrades wird polykristallines Silizium vermehrt eingesetzt, da es verhältnismäßig kostengünstig hergestellt werden kann. Die typischen Modulwirkungsgrade sind für alle Zellmaterialien geringer als der reine Zellwirkungsgrad. Dieser Wirkungsgradverlust kann durch die notwendigen Zwischenräume zwischen den einzelnen Solarzellen und den Modulrahmen erklärt werden [6].

Dünnschichtzellen haben einen Wirkungsgrad zwischen 11 % und 20 %, wobei der typische Modulwirkungsgrad mit 10 % relativ schlecht ist. Trotzdem ist der Einsatz von Dünnschichtzellen sehr interessant, da sie im Gegensatz zu klassischen Solarzellen flexibel und semitransparent aufgebaut sind. Dadurch lassen sich Dünnschichtzellen besser an Gebäudeformen und andere Strukturen anpassen, was ihren Einsatz als architektonisches Stilmittel erhöhen könnte. Dünnschichtzellen werden beispielsweise durch die Abscheidung von Kupfer-Indium-Sulfid-Verbindungen (CIS) auf Metallbänder hergestellt und haben einen deutlich geringeren Materialeinsatz als klassische Solarzellen.

Zellmaterial	Zellwirkungsgrad (maximal)	Zellwirkungsgrad (minimal)	Typischer Modulwirkungsgrad
Monokristallines Silizium	24,7%	22,0%	15%
Polykristallines Silizium	20,3%	17,4%	14%
Amorphes Silizium	12,1%	6,8%	6%
CIS / CIGS	20,0%	11,6%	10%
CdTe	16,5%	12,0%	7%

Tabelle 2.1: Wirkungsgrade für verschiedene Arten von Solarzellen [6]

Die Funktionsweise von Solarzellen ist im Prinzip bei jeder Solarzelle identisch. Sie wandelt die Strahlungsenergie des Lichtes in elektrische Energie um. Dazu wird der photovoltaische Effekt ausgenutzt. Das Grundprinzip einer Solarzelle ist in Abbildung 2.6 dargestellt. Im Prinzip funktioniert eine Solarzelle wie eine Photodiode, die jedoch nicht als Strahlungsdetektor sondern als Gleichstromquelle betrieben wird. Durch eine gezielte Dotierung des Halbleitermaterials wird in der Solarzelle ein p-n Übergang geschaffen. Dazu wird in der Regel die eine Seite mit Bor (p-Dotierung) und die andere Seite mit Phosphor (n-Dotierung) dotiert. Dieser p-n Übergang sorgt für ein elektrisches Feld innerhalb der Zelle. Fällt nun Licht auf die Zelle, so erzeugen die Photonen sogenannte Elektronen-Loch-Paare. Dies sind freie Ladungsträger und die Elektronen werden durch das elektrische Feld zum n-dotierten Bereich befördert [6].

Umgekehrt gelangen die positiv geladenen Löcher zum p-dotierten Bereich der Solarzelle. Ein Teil der freien Ladungsträger rekombiniert auf diese Weise unter Abgabe von thermischer Energie miteinander und geht somit für die Energieerzeugung verloren. Durch die Trennung der beiden Ladungsträger entsteht an den beiden Seiten der Solarzelle eine Ladung. Über die Metallkontakte an Vorder- und Rückseite kann diese Ladung nun als Gleichstrom abfließen und über einen Wechselrichter in das Stromnetz eingespeist werden. Auf der Oberseite der Solarzelle wird zusätzlich noch eine dünne Antireflexionsschicht aufgetragen. Diese sorgt für den typischen bläulichen Glanz und verhindert, dass zu viel Strahlung reflektiert wird und nicht mehr zur Energieerzeugung zur Verfügung steht. Um größere Ausgangsspannungen erreichen zu können, werden mehrere Solarzellen zu einem Solarmodul zusammengeschaltet [6].

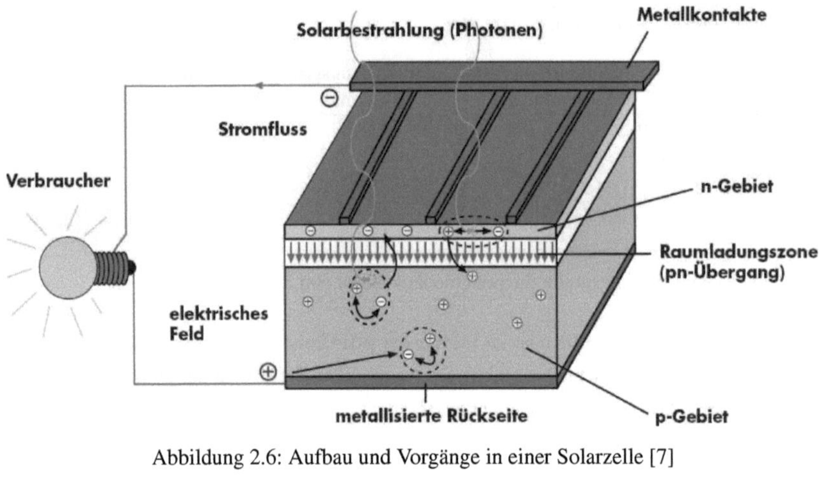

Abbildung 2.6: Aufbau und Vorgänge in einer Solarzelle [7]

2.3 Kristallzüchtungsverfahren

Die Verfahren zur Züchtung von Halbleiterkristallen lassen sich in zwei prinzipielle Kategorien unterscheiden: Die Produktion von einkristallinen und von multikristallinen Kristallen. Eine Übersicht sämtlicher Kristallzüchtungsverfahren ist in Abbildung 2.7 gegeben. In Abschnitt 2.3.1 werden die Verfahren zur Herstellung monokristalliner Kristalle erläutert und in Abschnitt 2.3.2 folgen dann die poly- bzw. multikristallinen Verfahren.

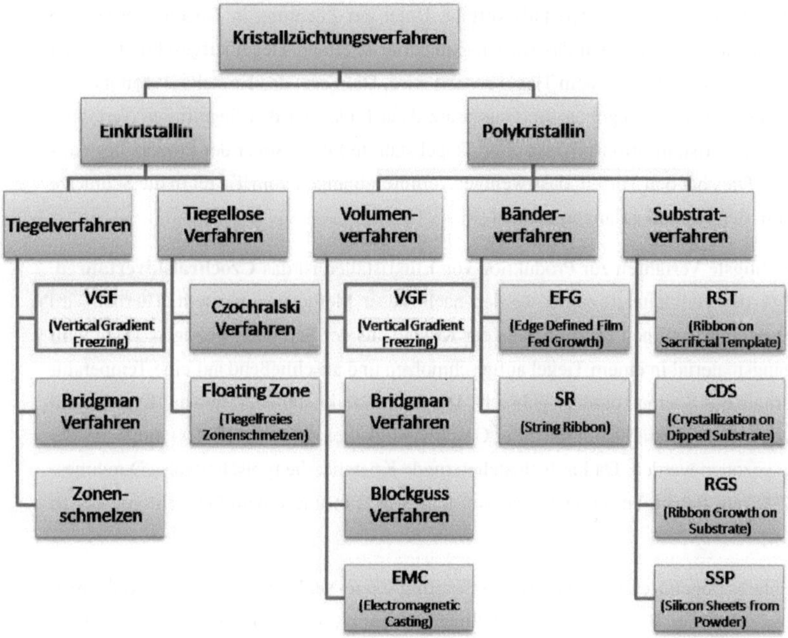

Abbildung 2.7: Übersicht der heute verwendeten Kristallzüchtungsverfahren [8, 9]

2.3.1 Monokristalline Verfahren

Wie bereits in Abschnitt 2.2 erwähnt, werden 38,3 % aller Kristalle für die Photovoltaikindustrie als Monokristalle, oder auch Einkristalle genannt, gezüchtet. Als Einkristall wird ein Material bezeichnet, dessen Bausteine über das gesamte Volumen eine einheitliche und homogene Gitterstruktur bilden. Es wird bei den Züchtungsverfahren zwischen Tiegelverfahren und tiegellosen Verfahren unterschieden. Alle Verfahren haben gemeinsam, dass zur Erzielung der Einkristallinität ein Keimkristall, häufig auch Impfkristall genannt, vorgegeben wird, der die Gitterstruktur des späteren Kristalls vorgibt. Unter der Züchtung in Tiegeln werden alle Verfahren verstanden, bei denen das Ausgangsmaterial in einem Tiegel aufgeschmolzen und auch anschließend wieder in einem Tiegel erstarrt wird. Die Form des Kristalls ist somit durch die Form des Tiegels vorgegeben. Im Gegensatz dazu findet bei den tiegelfreien Verfahren mindestens der Kristallisationsprozess ohne Tiegel statt, teilweise sogar der Prozess des Aufschmelzens. Dies hat den Vorteil, dass weniger Verunreinigungen vom Tiegel in die Schmelze und somit in den Kristall gelangen können [9].

Das wichtigste Verfahren zur Produktion von Einkristallen ist das **Czochralskiverfahren**. Circa 80 % des Halbleitersiliziums werden nach dieser Methode hergestellt. Hierbei wird mittels eines einkristallinen Keimkristalls der Kristall aus der Schmelze gezogen. Dazu wird das Ausgangsmaterial in einem Tiegel aufgeschmolzen und anschließend auf eine Temperatur kurz unterhalb des Schmelzpunktes gebracht. Die Schmelze kristallisiert nun am Keimkristall und der wachsende Kristall kann mit einer Geschwindigkeiten von etwa 50-100 mm/h aus der Schmelze gezogen werden. Dadurch entstehen runde Kristalle, die typischerweise Durchmesser von 200 mm haben, bei einer Länge von ungefähr 2 m und einem Gewicht von bis zu 190 kg [10].

Ein weiteres tiegelloses Verfahren ist das **Floating-Zone-Verfahren**. Dieses deckt die restlichen etwa 20 % des Bedarfs an einkristallinem Silizium ab. Bei dieser Methode wird das Ausgangsmaterial in Form eines senkrechten, freistehenden, polykristallinen Stabes vorgegeben, der nur an den beiden Enden gehalten wird. Mittels eines induktiven Heizers wird nun von unten nach oben eine relativ schmale Zone des sogenannten Futterstabes aufgeschmolzen. Zur Vergleichmäßigung der Wärme wird der Kristall zusätzlich rotiert. Zur Erzielung der Einkristallinität wird zu Beginn des Prozesses ein Einkristall mit der Schmelzzone in Berührung gebracht, von wo aus sich die Gitterstruktur fortsetzen kann. Die fertigen Kristalle sind kleiner als beim Czochralskiverfahren und haben typischerweise Durchmesser von 150 mm, bei einer

Länge von 1,5 m und einem Gewicht von bis zu 80 kg. Die Wachstumsrate ist allerdings mit 50-100 mm/h ähnlich dem des Czochralskiverfahrens [10].

Tiegelverfahren spielen zur Herstellung von Silizium für die Photovoltaikindustrie keine Rolle. Sie werden allerdings für andere Halbleitermaterialien eingesetzt, wie beispielsweise Galliumarsenid und Germanium. Diese Materialien werden zur Produktion von hochwertigen, elektronischen Bauteilen verwendet. Ein typisches Verfahren für die Herstellung ist das **VGF-Verfahren** (Vertical Gradient Freeze). Bei dieser Methode wird in einem zylindrischen Tiegel, der auf der Unterseite konisch zuläuft, der Kristall von unten nach oben gerichtet erstarrt. Der konische Teil des Tiegels dient dabei zur Aufnahme des Impfkristalls. Diese Kristallzüchtungsmethode wird noch ausführlich in den Kapiteln 5 und 6 zur Züchtung von Germanium betrachtet. Der Grund, weshalb diese wenig verbreitete Methode zur Produktion von PV-Silizium in dieser Arbeit so intensiv betrachtet wird, ist, dass sie sehr gut als Modellexperiment geeignet ist. Die Ergebnisse in den späteren Kapiteln können auf das VGF-Verfahren zur Produktion von multikristallinen Kristallen übertragen werden. Dieses Verfahren spielt bei der Produktion von Halbleitermaterialien für die Photovoltaikindustrie die wichtigste Rolle [9].

Zwei weitere Verfahren sind das **Bridgmanverfahren** und das **Zonenschmelzen**. Das Zonenschmelzverfahren entspricht im Wesentlichen dem Floating-Zone-Verfahren, mit dem Unterschied, dass sich die Schmelze in einem Tiegel befindet. Des Weiteren wird nicht wie beim Floating-Zone-Verfahren der Heizer bewegt, sondern der Tiegel wird in einem feststehenden Heizer bewegt. Das Bridgmanverfahren ist dagegen mit dem VGF-Verfahren vergleichbar. Allerdings ist hier der Heizer fixiert und der Temperaturgradient wird durch die Bewegung des Tiegels aus der Heizzone aufgebaut [11]. Das Bridgmanverfahren ist ein häufig genutztes Verfahren zur Herstellung von Verbindungshalbleitern wie Cadmiumtellurid.

2.3.2 Polykristalline Verfahren

Die polykristallinen Verfahren spielen bei der Produktion von Halbleitermaterial für die Photovoltaikindustrie die wichtigste Rolle. Rund die Hälfte aller Solarzellen (47,7 %) wurden im Jahr 2008 aus multikristallinem Silizium hergestellt. Trotz des etwas geringeren Wirkungsgrades im Vergleich zu monokristallinem Material lohnt sich die Produktion aufgrund der deutlich geringeren Kosten. Es stehen eine Reihe unterschiedlicher Produktionsmethoden zur Verfügung, die sich teilweise recht ähnlich sind. Grundsätzlich muss zwischen Volumenverfahren, Bänderverfahren und Substratverfahren unterschieden werden. Beim Volumenverfahren werden große Kristalle produziert, die anschließend in einzelne Wafer zersägt werden. Bei den Bänderverfahren werden Materialbänder erzeugt, die bereits die endgültige Dicke der späteren Wafer haben. Dadurch werden die Sägeverschnitte deutlich reduziert. Bei den Substratverfahren wird das Material direkt auf einem Trägermaterial (Substrat) gezüchtet [8].

Das **VGF-Verfahren** (Vertical Gradient Freeze) zur Herstellung multikristalliner Kristalle entspricht im Wesentlichen dem bereits in Abschnitt 2.3.1 beschriebenen VGF-Verfahren zur Produktion von Monokristallen. Es entfällt jedoch der konische Tiegelteil, da kein Impfkristall für den Prozess benötigt wird. Der Tiegel ist daher entweder zylinderförmig oder im häufigsten Fall einfach quaderförmig. Die Kontrolle des Kristallisationsprozesses geschieht durch die Heizleistung der Anlage, die häufig noch mit einem Boden- und Deckenheizer ausgestattet ist [8]. Das VGF-Verfahren ist das häufigste Verfahren zur Produktion von multikristallinem Silizium und wird in Kapitel 6 noch näher numerisch analysiert.

Das bereits beschriebene **Bridgmanverfahren** kann auch zur Herstellung von multikristallinen Materialien verwendet werden. Die Tiegelform ist in diesem Fall allerdings auch zylinder- oder quaderförmig, da kein Konus für den Keimkristall benötigt wird. Eine weitere wichtige Herstellmethode ist das **Blockgussverfahren**. Hier wird das Rohmaterial in einem separaten Tiegel aufgeschmolzen, um anschließend in den eigentlichen Kristallisationstiegel umgefüllt zu werden. Der nun stattfindende Kristallisationsprozess erfolgt entweder analog zum polykristallinen VGF-Verfahren oder zum Bridgmanverfahren.

Ein anderes Volumenverfahren ist das **EMC-Verfahren** (Electromagnetic Casting), das häufig auch Schmelzsynthese im kalten Tiegel genannt wird. Hierbei wird das Material mittels eines Induktors in einem wassergekühlten Tiegel aus Kupfer oder auch Silber aufgeschmolzen und anschließend kristallisiert. Durch die aktive Kühlung des Tiegels entsteht an dessen Innenseite eine dünne Schicht aus nicht geschmolzenem Einsatzmaterial, welche auch Skull genannt wird. Diese Schicht verhindert, dass die Schmelze durch Fremdstoffe aus dem Tiegel verunreinigt werden kann, wodurch eine hohe Reinheit erzielt wird. Nachteilig bei diesem Verfahren ist der sehr hohe Energieeinsatz, der durch die starke Kühlung verursacht wird [9].

Ein anderer Ansatz zur Produktion von polykristallinen Siliziumwafern ist das Ziehen profilierter Kristalle. Dabei wird der Kristall, ähnlich wie beim Czochralskiverfahren, aus der Schmelze gezogen. Dabei wird allerdings die Form des Kristalls durch eine Schablone an der

Schmelzoberfläche festgelegt. Der Vorteil dieser sogenannten Bänderverfahren ist, dass die entstehenden Kristalle bereits die Dicke der späteren Wafer haben, was zu deutlich geringeren Schnittverlusten führt. Beim **EFG-Verfahren** (Edge defined Film fed Growth) wird ein sechs-, acht- oder auch zwölfeckiges Rohr aus der Schmelze gezogen, bei dem die Seitenflächen genau der Waferbreite entsprechen. Auf diese Weise werden quasi 6, 8 bzw. 12 zusammenhängende Wafer gleichzeitig aus der Schmelze gezogen, die später nur noch getrennt werden müssen.

Beim **SR-Verfahren** (String Ribbon) werden zwei parallele Siliziumcarbidfäden (SiC) mit dem Abstand eines Wafers aus der Schmelze gezogen. Der dazwischen haftenbleibende Siliziumfilm erstarrt und kann hinterher in einzelne Wafer zerteilt werden. Ein häufiges Problem aller Bänderverfahren ist, dass die entstehenden Wafer eine gewisse Welligkeit aufweisen. Dies kann zu Spannungen im Material oder sogar zum Brechen der Wafer führen. Nachteilig ist auch, dass der Materialdurchsatz verhältnismäßig gering ist [9].

Eine weitere Möglichkeit zur Herstellung von Wafern sind die verschiedenen Substratverfahren. Dabei wird ein Substrat mit der Siliziumschmelze benetzt, welche dann erstarrt. Anschließend wird das Substrat, welches meist aus Graphit oder einem graphitbasierten Material besteht, wieder vom Siliziumkristall getrennt. Es gibt eine Reihe unterschiedlicher Verfahren, die sich darin unterscheiden, wie das Silizium auf das Trägermaterial aufgebracht wird. Zu nennen sind das **RST-Verfahren** (Ribbon on a Sacrificial Template), das **CDS-Verfahren** (Crystallization on Dipped Substrate), das **RGS-Verfahren** (Ribbon Growth on Substrate) und das **SSP-Verfahren** (Silicon Sheets from Powder). Die Vorteile der Substratverfahren sind der hohe Materialdurchsatz und die geringen Sägeverluste. Nachteilig sind dagegen die starken Wechselwirkungen von Substrat und Siliziumschicht, die zu relativ schlechten Materialeigenschaften und Wirkungsgraden führen [8].

2.4 Grundlagen zum Fremdstoffeinbau bei der Kristallzüchtung

Bei der Kristallzüchtung ist das Wissen über die Verteilung von Fremdstoffen im Kristall von entscheidender Bedeutung. Eingebaute Fremdatome können die Materialeigenschaften des Halbleiters nachteilig verändern. Aus diesem Grund ist die Möglichkeit, diese Verteilung gezielt zu beeinflussen, von besonderem Interesse. Bei einer Halbleiterschmelze, die mit einem bestimmten Fremdstoff verunreinigt ist oder einen Dotierstoff enthält, werden diese Fremdatome während der Kristallzüchtung in das Kristallgitter eingebaut. Dieser Einbau geschieht allerdings nicht gleichmäßig, sondern die Fremdatome werden entweder bevorzugt in den Kristallverbund eingebaut oder sie werden beim Einbau benachteiligt. Dieser Zusammenhang wird durch den sogenannten Gleichgewichtsverteilungskoeffizienten k_0 in Formel (2.1) wiedergegeben. Diese Materialkonstante beschreibt das Verhältnis des Fremdstoffanteils im Kristall C_S zum Gehalt in der Schmelze an der Phasengrenze C_L [9].

$$k_0 = \frac{C_S}{C_L} \tag{2.1}$$

Wird nun eine Schmelze betrachtet, deren beigemengter Fremdstoff einen Verteilungskoeffizienten k_0 kleiner 1 hat, so ist die Fremdstoffkonzentration im wachsenden Kristall kleiner als in der Schmelze. Dies führt dazu, dass die Fremdstoffkonzentration in der verbleibenden Schmelze in einem schmalen Bereich vor dem wachsenden Kristall zunimmt. Dieser Bereich wird auch Diffusionsgrenzschicht genannt. Aufgrund des angereicherten Fremdstoffes vor der Phasengrenze erhöht sich das Risiko der konstitutionellen Unterkühlung. Abbildung 2.8 veranschaulicht diesen Sachverhalt, der sich auch anschaulicher Weise „Schneeschiebereffekt“ nennt [12]. Da nun die Fremdstoffkonzentration mit wachsendem Kristall an der Phasengrenze zunimmt, werden zunehmend auch Fremdstoffe gemäß des Gleichgewichtsverteilungskoeffizienten k_0 in den Kristall eingebaut. Um diesen Effekt zu berücksichtigen wurde der effektive Verteilungskoeffizient k_{eff} eingeführt:

$$k_{eff} = \frac{C_S}{C_{L\infty}} \tag{2.2}$$

k_{eff} beschreibt das Verhältnis des Fremdstoffanteils im Kristall C_S zum Gehalt in der Schmelze in einigem Abstand zur Phasengrenze $C_{L\infty}$. Der effektive Verteilungskoeffizient k_{eff} ist abhängig von der Wachstumsgeschwindigkeit R, vom Diffusionskoeffizienten D und von der Dicke der Diffusionsgrenzschicht δ_D. Im Jahre 1953 konnten Burton, Prim und Slichter einen quantitativen Zusammenhang zwischen diesen drei Größen und dem effektiven Verteilungskoeffizienten finden [13]. Dieser ist in Formel (2.3) wiedergegeben. Es wird deutlich, dass der effektive Verteilungskoeffizient mit größer werdender Diffusionsgrenzschicht δ_D bzw. Wachstumsgeschwindigkeit R gegen den Wert 1 strebt. Werden die beiden Werte dagegen kleiner, so ergibt sich $k_{eff} = k_0$ [9].

$$k_{eff} = \frac{k_0}{k_0 + (1 - k_0)\, e^{(-R\delta_D/D)}} \tag{2.3}$$

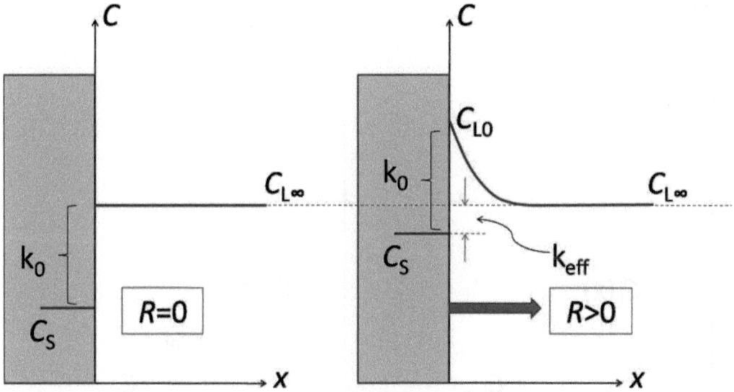

Abbildung 2.8: Diffusive Grenzschichtbildung: Auf Grund der Segregation wird der Fremdstoff (bei $k_0 < 1$) vor der sich mit R bewegenden Phasengrenze angehäuft („Schneeschiebereffekt") [12]

Für die Kristallzüchtung wäre es der Idealzustand, wenn keine Verunreinigungen im Kristall vorhanden sind. Da die Schmelze allerdings immer Fremdstoffe enthält, die nicht entfernt werden können, ist dieser Zustand unmöglich. Als Kompromiss wird versucht, möglichst große Bereiche des Kristalls sauber zu halten, indem die vorhandenen Verunreinigungen auf einen möglichst kleinen Bereich konzentriert werden. Dies kann erreicht werden, indem der effektive Verteilungskoeffizient entweder besonders groß oder besonders klein ist, allerdings möglichst nicht 1. Wenn k_{eff} sehr groß ist, dann werden alle Fremdstoffe zu Beginn des Züchtungsvorganges in den Kristall eingebaut und der Rest des Kristalls ist fremdstoffarm. Falls k_{eff} sehr klein ist, werden die vorhandenen Fremdstoffe erst zum Ende des Züchtungsvorganges eingebaut und der Anfangsbereich des Kristalls bleibt sauber. Für den ungünstigen Fall von $k_{eff} = 1$ werden alle Fremdstoffe gleichmäßig in den Kristall eingebaut.

Es muss bei der Kristallzüchtung also der Zustand $k_{eff} = k_0$ angestrebt werden. Dies kann erreicht werden, indem entweder die Züchtungsgeschwindigkeit herabgesetzt oder die Dicke der Diffusionsgrenzschicht reduziert wird. Eine Herabsetzung der Wachstumsgeschwindigkeit würde den Ertrag der Kristallzüchtung herabsetzen und diese somit unwirtschaftlicher machen. Als Regelparameter bleibt somit nur die Diffusionsgrenzschicht übrig, deren Dicke möglichst minimiert werden muss. Dies kann mit einer Erhöhung der Strömungsgeschwindigkeit an der Phasengrenze erzielt werden, was in Abbildung 2.9 veranschaulicht wird [12]. Diese Strömung kann beispielsweise durch externe Felder erzeugt werden, die in Abschnitt 2.5 vorgestellt werden.

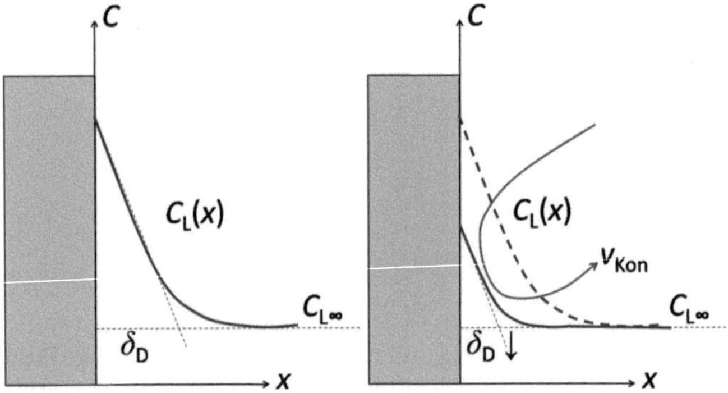

Abbildung 2.9: Reduzierung der Dicke der Diffusionsgrenzschicht mittels Erhöhung der konvektiven Strömung [12]

In Abbildung 2.10 ist die Verteilung der Fremdstoffkonzentration in einem Kristall über die Länge für verschiedene Grade der Durchmischung dargestellt [12]. Es handelt sich dabei um ein konservatives System. Dies bedeutet, dass zusätzlich keine weiteren Fremdstoffe während der Kristallisation von außen in die Schmelze hinzu kommen. Für den Verteilungskoeffizienten des Fremdstoffes gilt $k_0 < 1$. Es ist zu sehen, dass für den Fall der reinen Diffusion (1), also ohne Durchmischung, der Fremdstoff relativ konstant über die Länge des Kristalls eingebaut wird. Der Verlauf dieser Kurve wurde von Tiller beschrieben und wird quantitativ von Formel (2.4) wiedergegeben.

$$C_S(z) = C_{L\infty} \left\{ (1 - k_0) \left[1 - e^{(-k_0\, z\, R/D)} \right] + k_0 \right\} \tag{2.4}$$

Kurve (3) in Abbildung 2.10 zeigt die Fremdstoffverteilung im Kristall für den Fall einer vollständigen Durchmischung. Es ist zu sehen, dass die Verunreinigungen erst im zum Schluss

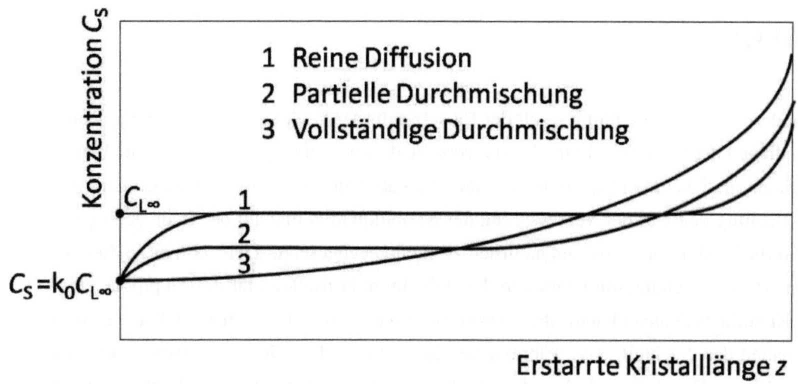

Abbildung 2.10: Konzentrationsverteilung im Kristall eines konservativen Systems für verschiedene Grade der Durchmischung [12]

erstarrten Bereich des Kristalls eingebaut werden. Formelmäßig wurde dieser Kurvenverlauf von Scheil und Pfann hergeleitet:

$$C_S(z) = k_0 C_{L\infty}(1 - \frac{z}{L})^{k_0 - 1} \quad (2.5)$$

In dieser Gleichung ist $\frac{z}{L}$ der Anteil der bereits kristallisierten Fraktion, wobei L die Gesamtlänge des Kristalls ist. Die Kurve (2) in Abbildung 2.10 zeigt den Konzentrationsverlauf im Kristall für eine partielle Durchmischung der Schmelze. Die Kurve liegt dementsprechend zwischen den beiden Kurven (1) und (3). Es ist zu betonen, dass bei Kristallzüchtungen unter realen Bedingungen nicht von einem konservativen System ausgegangen werden darf. Während des Kristallisationsvorganges können ständig neue Fremdstoffe in die Schmelze eindringen, allerdings auch teilweise wieder ausdampfen. Über die freie Schmelzenoberfläche kann beispielsweise Sauerstoff, Kohlenstoffmonoxid und Stickstoff in die Schmelze gelangen. Fremdstoffe können allerdings auch über den Tiegel in die Schmelze, oder aber auch direkt in den Kristall, eindiffundieren [12].

2.5 Beeinflussung des Kristallwachstums durch externe Felder

In der modernen Kristallzüchtung spielt der Einsatz externer Felder eine sehr wichtige Rolle. Die Grundlagen der Kristallzüchtung für die verschiedenen Züchtungsarten sind heute hinreichend bekannt und werden in der Industrie standardmäßig angewendet. Das Hauptaugenmerk bei der Züchtung liegt auf der Verbesserung der Kristallqualität und auf der Reduzierung der Kosten für die Produktion. Dies sind natürlich zwei entgegengesetzte Ziele. Um diese Ziele zu erreichen, ist es notwendig, immer größere Kristalle im industriellen Maßstab zu produzieren. Größere Kristalle bedeuten gleichzeitig allerdings auch größere Schmelzmassen. Diese großen Massen haben den Nachteil, dass während der Züchtung stärkere Temperaturschwankungen auftreten können. Dies hat zur Folge, dass die Strömung im Schmelztiegel unkontrolliert vor sich geht, was zu sogenannten Striations führt. Dies sind Inhomogenitäten im Mikrobereich. Des Weiteren kann durch diese konvektiven Schwankungen die Form der Phasengrenze negativ beeinflusst werden [14].

Um dies zu vermeiden, ist es daher sehr wichtig, die Strömung der Schmelze auf möglichst präzise Weise zu kontrollieren. Dazu bietet sich der Einsatz externer Felder an, die die drei Wachstumsparameter Temperatur, Druck und Geschwindigkeit beeinflussen. In Tabelle 2.2 sind die wichtigsten externen Kraftfelder zusammengestellt, die in der Kristallzüchtung angewendet werden. Zusätzlich wurden noch ihre elementaren positiven Eigenschaften aufgeführt. Die Verfahren sind unterteilt in mechanische, elektrische und magnetische Felder, wobei jeweils noch zwischen stationären und nicht stationären Anwendungen unterschieden wird. Bei den mechanischen Kraftfeldern gibt es zum Beispiel die Tiegelrotation, die insbesondere beim Czochralskiverfahren Anwendung findet. Die Rotation führt zu einer Homogenisierung der Temperatur in axialer Richtung und zu einer Schmelzenbewegung in der Nähe der Phasengrenze. Dadurch wird die Diffusionsgrenzschicht reduziert, was den Wärme- und Stofftransport stabilisiert [14].

Des Weiteren gibt es noch das Verfahren der Tiegelbeschleunigung (ACRT), bei dem die Drehrichtung des Tiegels periodisch wechselt. Dieses Verfahren führt, im Gegensatz zum einfachen Rotationsverfahren, zu starken Scherkräften an den Tiegelwänden und zu einer, sich periodisch ändernden, Strömung. Neben der Czochralskimethode findet das ACRT-Verfahren

Mechanismus	Mechanische Kräfte	Magnetisches Feld	Elektrisches Feld
Stationär	Rotation *Diffusionskontrolle,* *axiale Homogenität,*	Stationäres Magnetfeld *Konvektionsdämpfung,* *Homogenisierung*	DC *Grenzschicht-Glättung,* *Segregationskontrolle,* *Meniskus Stabilisierung* *Peltier Effekt*
Nicht-Stationär	Vibrationen Ultraschall ACRT (Tiegelbeschleunigung) *Konvektionsdämpfung* *Grenzschicht-Kontrolle*	Dreh-Magnetfeld Wander-Magnetfeld Gepulstes Feld *Erzwungene Konvektion* *Konvektionsdämpfung* *Grenzschicht-Kontrolle und -glättung*	AC

Tabelle 2.2: Übersicht der möglichen Kontrollmaßnahmen zur Beeinflussung der Schmelzen-Strömung (siehe [12])

auch Anwendung beim Zonenschmelzen und beim Bridgman Verfahren, sowohl im mono- als auch im multikristallinen Bereich [14].

Zwei weitere mechanische Beeinflussungsmöglichkeiten sind der Einsatz von Vibrationen und Ultraschall. Im Grunde basieren beide Techniken auf der gleichen Grundlage, nämlich die Schmelze durch periodische Schwingungen anzuregen. Sie können für sämtliche Kristallzüchtungsmethoden angewendet werden. Der Unterschied beider Verfahren besteht in erster Linie in der eingesetzten Frequenz. Von Vibrationen wird gesprochen, wenn die Frequenz niedrig ist, maximal jedoch einige hundert Hz erreicht. Im Gegensatz dazu bewegt sich der eingesetzte Ultraschall im Bereich zwischen kHz und MHz. Ein weiterer Unterschied zwischen Vibrationen und Ultraschall ist auch die Höhe der Schwingungsamplitude, die bei Vibrationen circa zwischen 10 μm und 500 μm groß ist, bei Ultraschall dagegen im Bereich kleiner 0,5 μm liegt. Verschieden fällt auch die Art der Zuführung in die Schmelze aus. Für Vibrationen kann entweder der gesamte Schmelztiegel in Schwingungen versetzt werden, oder aber es wird ein Vibratorstempel in die Schmelze eingetaucht und in der Nähe der Phasengrenze positioniert. Die Vibrationen verursachen nun ein globales Geschwindigkeitsfeld, das die Dicke der schädlichen Diffusionsgrenzschicht vermindert. Numerische Untersuchungen auf dem Gebiet der Vibrationsbeeinflussung in der Kristallzüchtung werden in Kapitel 7 vorgestellt.

Bei der Beeinflussung mittels Ultraschall wird die Schwingungsenergie mittels Wellenleiter, auch Transducer genannt, dem Schmelzbereich zugeführt. Im Gegensatz zum Stempel bei den Vibrationen muss der Wellenleiter lediglich die Schmelzenoberfläche berühren, um seine Energie weiterzugeben. In der Schmelze bilden sich sodann stehende Wellen aus, die zu Mikroströmungen, der sogenannten Schlichtingströmung, führen. Diese Schlichtingströmung entsteht an den fest-flüssigen Phasengrenzen des Tiegelsystems, sprich zwischen Schmelze und Kristall und zwischen Schmelze und Tiegelwand [2]. Dadurch kann die Diffusionsgrenzschichtdicke vermindert werden, was zu einer besseren Kontrolle der Dichte an Striations und deren Abständen führt. Die globale Strömung bleibt von der Ultraschallanwendung, insbesondere bei hohen Frequenzen, relativ unbeeinflusst. Dies hat den großen Vorteil, dass der Ultraschall mit anderen externen Kraftfeldern, die die globale Konvektion kontrollieren, kombiniert werden kann. Es kommt dann zu einer Überlagerung beider Felder. Ein weiterer Vorteil ist, dass Ultraschall für nahezu jedes Material eingesetzt werden kann, unabhängig von der elektrischen Leitfähigkeit. Dies trifft natürlich auch für die anderen mechanischen Verfahren zu. Umfassende numerische Untersuchungen zur Beeinflussung mittels Ultraschall sind in Kapitel 6 zu finden.

Für Stoffe, die elektrisch leitfähig sind, eignet sich unter Umständen auch der Einsatz eines Magnetfeldes. Diese Felder sind im Gegensatz zum Vibrations- und Ultraschallverfahren berührungslos. Es wird lediglich eine Spule bzw. mehrere Spulen außerhalb des Tiegels angebracht. Dies hat den Vorteil, dass keine weitere Verunreinigungsquelle in die Schmelze eingebracht wird. In Abbildung 2.11 sind verschiedene Magnetfeldanordnungen dargestellt, wie sie in der Kristallzüchtung gefunden werden können. Stationäre Magnetfelder werden in erster Linie eingesetzt, um Strömungen zu dämpfen. Auf Grund des Magnetfeldes wirkt auf die bewegte Schmelze die sogenannte Lorentzkraft, welche häufig bremsenden Einfluss auf die Konvektion hat. Dadurch können Strömungsturbulenzen vermieden werden, was wiederum dazu führt, dass Fremdstoff-Striations reduziert werden [14].

Im Gegensatz zum stationären Magnetfeld können nichtstationäre Magnetfelder dazu verwendet werden, gezielt Strömungen in der Schmelze zu generieren. Dadurch können Schmelzen kontrolliert durchmischt und der Stofftransport stabilisiert werden. Mittlerweile gibt es eine große Bandbreite an unterschiedlichen Methoden mit nichtstationären Magnetfeldern.

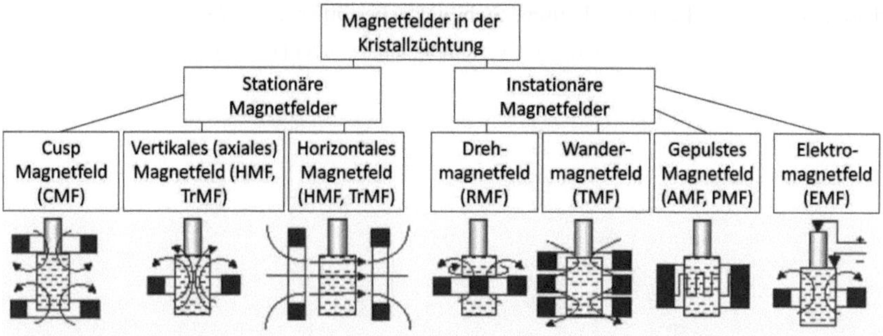

Abbildung 2.11: Verschiedene Arten der Magnetfeldanordnung in der Kristallzüchtung [14].

Insbesondere sind hier rotierende Magnetfelder (RMF - Rotating Magnetic Field), Wandermagnetfelder (TMF - Traveling Magnetic Field) und gepulste Magnetfelder (AMF - Alternating Magnetic Field, PMF - Pulsating Magnetic Field) zu nennen. Diese sind auf der rechten Seite von Abbildung 2.11 schematisch dargestellt [14].

Diese Magnetfeldanordnungen bestehen zum Teil aus mehreren Spulen, die untereinander eine Phasenverschiebung besitzen. Auf diese Weise wirkt auf die Schmelze im Tiegel nicht nur eine Kraftkomponente in radiale Richtung, sondern auch in axialer Richtung. Eine numerische Analyse eines Wandermagnetfeldes, überlagert mit einem Ultraschallfeld, wird in Kapitel 6.2.4 genauer untersucht. Ein großer Vorteil von Magnetfeldern ist die Möglichkeit, die Spulen gleichzeitig zur Beheizung des Tiegels zu nutzen. Bei diesen sogenannten Heizer-Magnet-Modulen werden die Spulen aus Graphit gefertigt, so dass sie aufgrund ihres elektrischen Widerstandes als Heizer dienen, gleichzeitig aber auch ein Magnetfeld produzieren. Auf diese Weise kann das externe Kraftfeld in die Kristallzüchtungsanlage integriert werden, ohne dass dazu ein spezieller zusätzlicher Raum im Tiegel geschaffen werden müsste.

Eine weitere Möglichkeit zur Beeinflussung des Kristallwachstums ist die Anwendung eines elektrischen Feldes. Dabei fließt ein elektrischer Strom direkt durch die Schmelze, wobei sowohl Gleichstrom (DC) als auch Wechselstrom (AC) verwendet werden. Eine Gleichstromanwendung kann den Massentransport während der Züchtung verstärken. Wird der Strom so zugeführt, dass er über den Kristall in die Schmelze fließt, kommt es auf Grund des Peltier-Effektes zu einer Kühlung der Phasengrenze. Dadurch steigt die Wachstumsgeschwindigkeit an. Dieser Effekt wird häufig ausgenutzt, um mittels gepulsten Stromes die Form und die Lage der Phasengrenze sowie die morphologische Stabilität zu bestimmen. Des Weiteren werden elektrische Felder zur Kontrolle der Dotierstoffverteilung angewendet [12, 14].

3 Motivation

Wie bereits in Kapitel 2.5 beschrieben, stellen externe Kraftfelder eine gute Möglichkeit dar, die Kristallzüchtung während der Wachstumsphase positiv zu beeinflussen. Hochfrequente Ultraschallwellen bzw. niederfrequente Vibrationen können den Kristallisationsprozess positiv beeinflussen. Im folgenden Absatz wird der Stand der Literatur beschrieben, der bereits über den Einsatz von Ultraschall bzw. Vibrationen existiert. Daran anschließend wird die Zielsetzung dieser Arbeit mit der weiteren Vorgehensweise erläutert.

3.1 Stand der Literatur

In der Literatur werden die Verfahren der Schmelzenbeeinflussung durch Schall im Allgemeinen anhand der eingesetzten Frequenz unterschieden. Es lässt sich dabei feststellen, dass sowohl Verfahren im niederfrequenten als auch im hochfrequenten Schallbereich Anwendung finden. Die Verfahren im niederfrequenten Schallbereich werden im folgenden nur noch schlicht Vibrationsverfahren genannt. Hierbei wird die Schwingungsenergie durch einen Vibrationsstempel oder durch den wachsenden Kristall selber in die Schmelze geleitet. Eine ganze Reihe von Autoren hat Anwendungen in diesem Bereich untersucht, wobei die eingesetzten Frequenzen zwischen 10 und 300 Hz variierten. Der Stand der Literatur zum Thema Vibrationen in der Kristallzüchtung ist in Kapitel 3.1.1 zusammengefasst. Das zweite große Gebiet der Schmelzenbeeinflussung durch Schall stellt der Bereich des Ultraschalls dar. Dieser hat ein sehr weites Frequenzspektrum und erstreckt sich von 10 kHz bis zu einem Wert von etwa 10 MHz. Beim Ultraschallverfahren wird die Schallenergie durch einen Wellenleiter in die Schmelze geleitet. Bei niedrigen Ultraschallfrequenzen geschieht dies auch über den Kristall selber. Der Stand der Literatur zur Ultraschallbeeinflussung ist in Kapitel 3.1.2 zusammengefasst.

3.1.1 Stand der Literatur zum Thema Vibrationen in der Kristallzüchtung

Eine der aktivsten Forschungsgruppen auf dem Gebiet der Strömungsbeeinflussung mittels Vibrationen ist die Gruppe um Zharikov aus Moskau. Es wurde intensiv der Wärme- und Stofftransport analysiert, der während der Kristallzüchtung stattfindet. Die eingesetzten Vibrationsfrequenzen lagen dabei immer zwischen 10 Hz und 100 Hz und die Schwingungsamplituden zwischen 0,005 mm und 0,5 mm. Es wurden sowohl Czochralski-Anordnungen als auch andere Verfahren der Kristallzüchtung untersucht, wobei auch die Art der Vibrationszuführung varriert wurde.

Es konnte gezeigt werden, dass bei Czochralski-Anwendungen die Schmelzenkonvektion erheblich beeinflusst werden konnte, wenn die Vibrationen über den Kristall in die Schmelze geleitet werden [15]. Vibrationen beeinflussen somit die Wachstumskinetik, die Aufnahme von Fremdatomen, die Homogenität der Zusammensetzung, die morphologische Stabilität und die Keimbildung [16]. Im Jahre 2009 wurde ein Verfahren vorgestellt, bei dem die Vibrationen nicht mehr über den Kristall in die Schmelze übertragen wurden, sondern über einen eingetauchten Ringstempel [17]. Auf diese Weise konnte eine stabile, laminare Schmelzenströmung in direkter Nähe zum wachsenden Czochralski-Kristall erzeugt werden. Es wurde eine Vergleichmäßigung der Temperatur in der Schmelze festgestellt, bei einer gleichzeitigen Erhöhung des Temperaturgradienten vor der Phasengrenze. $NaNO_3$ Kristalle, die unter diesen Bedingungen gezüchtet wurden, wiesen eine konkave Phasengrenze auf. Ohne Vibrationen hatten Kristalle eine konvexe Phasengrenze, was auf die thermische Konvektion zurückzuführen ist. Bei Wachstumsgeschwindigkeiten von weniger als 10 mm/h waren die $NaNO_3$ Kristalle zudem versetzungsfrei [17].

Die experimentellen Ergebnisse dieser neuen Vibrationsanordnung konnten später auch mittels numerischer Simulation verifiziert werden [18]. In der neuesten Publikation konnte gezeigt werden, dass die Strömung um den Vibrator stark von der Rundung der Ecken des verwendeten Vibrationsstempels abhängt [19]. Mit Hilfe abgerundeter Ecken konnte eine optimierte Aufwärtsströmung unterhalb des Czochralski-Kristalls erzeugt werden. Neben dem Kristallzüchtungsverfahren nach Czochralski wurde der Einfluss von Vibrationen auch am Bridgman-Verfahren untersucht [20]. Es zeigte sich, dass die Dicke der Temperaturgrenzschicht an der fest-flüssig Phasengrenze reduziert werden konnte. Aufgrund dieser Kontrolle des Temperaturgradienten ist es möglich, die Wachstumskinetik, den Wärme- und Stofftransport, die Dotierstoffverteilung und die Kristallwachstumsrate zu optimieren [20].

Zharikov untersuchte auch die Eigenschaften von Vibrationen im Vergleich zu den Möglichkeiten von einem rotierenden Magnetfeld. Er zeigte auf, dass die Auswirkungen beider Kraftfelder prinzipiell gleich sind. So kann mit beiden Maßnahmen der Wärme- und Stofftransport während der Kristallzüchtung positiv verändert werden. Der Vorteil der Vibrationen liegt vor allem darin, dass auch nichtleitende Stoffe beeinflusst werden können [21]. Es konnte gezeigt werden, dass die Verteilung von Verunreinigungen im Kristall ähnlich zur Temperaturverteilung verläuft. Der Einsatz von Vibrationen kann somit sowohl die Dicke der Temperaturgrenzschicht als auch die Dicke der Diffusionsgrenzschicht an der Phasengrenze verringern. Der Einsatz von Vibrationen ist somit ein einfaches Mittel, um die Bedingungen während der Kristallzüchtung zu optimieren. Dies bedeutet auch gleichzeitig eine Verbesserung der Kristallqualität [22].

Die Gruppe um Feigelson von der Stanford Universität untersuchte den Effekt von Vibrationen auf die Qualität von Cadmiumtelluridkristallen (CdTe), die mit dem Bridgmanverfahren gezüchtet wurden. Es wurden wie bei der Gruppe von Zharikov Vibrationsfrequenzen zwischen 0 Hz und 100 Hz verwendet. Es konnte festgestellt werden, dass die chemische Homogenität der Kristalle insgesamt zunahm. Dies wurde auf die erhöhte Durchmischung der Schmelze duch die Vibrationen zurückgeführt. Des Weiteren wurde das Keimbildungsverhalten der Cadmiumtelluridschmelze verbessert. Die mikrokristalline Qualität nahm dagegen ab, was auf die thermisch-mechanische Beanspruchung der Vibrationen zurückgeführt wurde. Eine erhöhte Zwillingsbildung innerhalb der Cadmiumtelluridkristalle lässt vermuten, dass diese mechanischen Ursprungs sind [23].

3.1.2 Stand der Literatur zum Thema Ultraschall in der Kristallzüchtung

Die Gruppe um Kozhemyakin aus Lugansk (Ukraine) ist eine der aktivsten, die sich mit der Beeinflussung von Kristallisationsvorgängen durch Ultraschall beschäftigt. Seit Beginn der neunziger Jahre wurde dabei hauptsächlich die Züchtungsmethode nach Czochralski untersucht. Das Spektrum der eingesetzten Ultraschallfrequenzen war dabei sehr breit und reichte von 150 kHz bis 10 MHz. Bei der Züchtung von Galliumarsenidkristallen (GaAs) unter einer

Frequenz von 150 kHz und einer eingesetzten Schallleistung von 50 W konnte eine Reduzierung von Mikropräzipitaten über den Kristallquerschnitt beobachtet werden [24]. Des Weiteren wurden Legierungskristalle aus Bismut und Antimon (Bi-Sb) unter Ultraschallfrequenzen von 0,65 MHz, 2,5 MHz und 5 MHz gezüchtet. Es stellte sich heraus, dass im Querschnittszentrum des Kristalls die Striations verschwanden, die bei der Züchtung ohne Ultraschalleinwirkung vorhanden waren. Diese Beobachtung wurde für Kristalle gemacht, die mit konstantem Querschnitt gezogen wurden. Begründet wurde dieses Ergebnis mit einer Verminderung der Dicke der Diffusionsgrenzschicht [25].

Bei der Züchtung von Indiumantimonidkristallen (InSb) konnte im Vergleich zu den Bismut-Antimon Legierungskristallen kein Verschwinden der Striations beobachtet werden. Bei insgesamt sechs verschiedenen Frequenzen zwischen 0,25 MHz und 10 MHz kam es lediglich zu einer deutlichen Reduzierung der Striations [26]. Begründet wurde dieser Unterschied in der Effektivität des eingesetzten Ultraschalls mit den akustischen Eigenschaften der drei Materialien. So hat Indiumantimonid im Vergleich zu Galliumarsenid und Bi-Sb den geringsten akustischen Absorptionskoeffizienten [27]. Im Jahr 2005 wurde der Einfluss von Ultraschall auch auf $Ga_xIn_{1-x}Sb$-Kristalle untersucht. Bei $x = 0,03$ und einer Ultraschallfrequenz von f =1,44 MHz zeigte sich, dass die Striations sowohl im Zentralbereich des Kristalls als auch an dessen Randbereichen verschwanden. Dies wurde darauf zurückgeführt, dass das Ultraschallfeld einen stabilisierenden Einfluss auf die vorhandene Konvektion im Tiegel hat [28].

Des Weiteren konnte eine Reduzierung des Widerstandes und eine Erhöhung der Ladungsträgermobilität beobachtet werden. Dieser Effekt konnte mit der gesteigerten Homogenität der Kristallzusammensetzung und der verringerten Anzahl an Strukturdefekten erklärt werden, was sich positiv auf die Diffusivität der Ladungsträger auswirkt [29]. Die Thermospannung der Kristalle, die unter Ultraschalleinfluss gewachsen sind, ist ebenfalls höher als bei Kristallen ohne Ultraschallbehandlung [30]. In Versuchen mit Wasser und Schwimmpartikeln aus Aluminiumoxid (Al_2O_3) konnte die Bewegung des Fluids unter Ultraschalleinwirkung analysiert werden. Es zeigte sich die Ausbildung stehender Wellen zwischen Phasengrenze und Wellenleiter. Diese stehenden Wellen führten zu einer Dämpfung bzw. Reduzierung der vorhandenen Konvektion [31].

Das Feld der stehenden Wellen zwischen Wellenleiter und Phasengrenze, der sogenannte Wellenkanal, beschreibt eine konische, sich nach unten verjüngende Form. Es konnte gezeigt werden, dass die Abnahme des Flüssigkeitsspiegels keinen Einfluss auf die Ausprägung dieses Wellenkanals hat [32, 33]. Kozhemyakin analysierte auch den Einfluss des Ultraschalls auf das Schichtwachstum von Galliumarsenidkristallen mittels des Verfahrens der Flüssigphasenepitaxie. Es ergaben sich wieder stehende Wellen, die die Konvektion verlangsamten. Wurde der verwendete Flüssigkeitsspiegel allerdings zu groß gewählt, so wurden die stehenden Wellen im Volumen zerstört, da nun die thermischen Kräfte die Kovektion im Volumen dominierten [34].

Avetisyan et. al untersuchte in den späten achtziger Jahren den Einfluss von Ultraschall auf das Kristallwachstum bei sehr hohen Ultraschallfrequenzen zwischen 25 MHz bis 38 MHz. Er erkannte, dass die Materialeigenschaften des Kristalls sehr gleichmäßig innerhalb des Volumens waren, was er mit dem gleichmäßigen Einbau von Dotierstoffen erklärte. Dieser gleichmäßige Einbau von Fremdatomen ist sowohl bei Kristallzüchtungsverfahren aus der Schmelze als auch aus der Lösung zu beobachten [35].

Die Gruppe um Vyshnevskiy studierte den Einfluss von Ultraschall auf die Kristallzüchtung von Korund. Es wurde Ultraschall im Frequenzbereich zwischen 100 und 400 kHz eingesetzt. Die Schallintensitäten betrugen 50 bis 200 W/m^2 und es wurde die Methode nach Czochralski angewendet. Es zeigte sich, dass der Effekt des Ultraschalls auf die Mosaikstruktur des Kristalls unbedeutend war. Dagegen spielte die verwendete Frequenz eine entscheidende Rolle beim Einfangverhalten von Blasen. Bei Frequenzen zwischen 350 kHz und 400 kHz reduziert der eingesetzte Ultraschall die Rate der eingefangenen Blasen vom wachsenden Kristall um den Faktor 2-2,5. Dies hat den Nebeneffekt, dass die Porendichte des Kristalls verringert wird [36].

Dold et. al. führte einige Untersuchungen am Zonenschmelzverfahren (Floating Zone) durch. Dabei setzte er sowohl Vibrationen als auch Ultraschall im Niederfrequenzbereich ein. Die eingesetzten Amplituden reichten von 0,25 μm bis 3,5 μm und die Frequenzen von 100 Hz bis 50 kHz. Er konnte zeigen, dass der Einsatz von Ultraschall mit 5 kHz unter Schwerelosigkeit im Weltraum positiven Einfluss auf die Strömung hat. So konnte die negative thermokapillare Konvektion unterdrückt beziehungsweise in ihrer Flussrichtung umgekehrt werden. Vibrationen mit 250 Hz waren für diesen Einsatz schlechter geeignet [37]. Durch numerische Simulationen konnte dieses Ergebnis später auch bestätigt werden. Es wurde der Einsatz von 2 kHz bis 4,5 kHz Ultraschall auf das Wachstum von Siliziumkristallen berechnet. Es stellte sich heraus, dass beim Zonenschmelzverfahren optmimalerweise sowohl der Kristall als auch der Futterstab unter Ultraschalleinfluss gesetzt werden sollten. Auf diese Weise kann die schädliche thermokapillare Strömung ausgeglichen werden [38–40].

Jun-wen et. al. untersuchte den Effekt von Ultraschall auf Schmelzen aus Legierungen von Aluminium und Silizium. Die verwendete Ultraschallfrequenz lag bei 25 kHz und die eingesetzte Leistung bei 150 W. Er beobachtete, dass das Rühren mittels Ultraschall die Temperaturinhomogenitäten in der Schmelze reduziert. Des Weiteren konnte eine Kornfeinung nachgewiesen werden. Es zeigt sich, dass die akustische Strömung die Dendriten innerhalb des Tiegels während der Wachstumsphase zerstört. Der Grad der Kornfeinung nimmt dabei mit zunehmender Beschallungsdauer zu. Wird die Beschallungsdauer allerdings zu groß, so weist der Ingot wieder gröbere Kornstrukturen auf. Diese Verschlechterung der Kornung wird auf die erhöhte Schmelzentemperatur zurück geführt, die mit der längeren Beschallungsdauer einher geht [41].

Hess und Kujawa von der Universität Berlin untersuchten den Einfluss von Ultraschall auf das Segregationsverhalten von Gold in Tellur bei normaler Erstarrung. Sie konnten durch Versuche zeigen, dass sich der Wirkungsgrad der Segregationsvorgänge erhöht, wenn der eingesetzte Ultraschall im niedrigen Ultraschallbereich liegt. So konnte bei einer Frequenz von $f = 15,8$ kHz der effektive Segregationskoeffizient von 0,7 auf 0,1 reduziert werden. Die Gründe für diesen Effekt konnten nur vermutet, allerdings letztendlich nicht nachgewiesen werden [42].

Die Gruppe um die japanischen Forscher Kumagawa und Hayakawa untersuchten den Einfluss von Ultraschall auf die Züchtung von $In_xGa_{1-x}Sb$ und Indiumantimonidkristallen (InSb). Sie verwendeten dabei die Czochralski Methode und eine Ultraschallfrequenz von 10 kHz bei einer Ultraschallleistung von 30 W. Sie konnten durch Versuche zeigen, dass der Durchmesser der InSb Kristalle bei Ultraschallbeeinflussung zunahm. Es änderte sich zudem auch die Phasengrenze des Kristalls von konvex zu konkav. Die Differenz der Konzentration von Verunreinigungen zwischen dem Zentralbereich und den Randbereichen war mit Ultraschall kleiner als ohne Ultraschall [43]. Bei der Züchtung von $In_xGa_{1-x}Sb$ Kristallen konnten ebenfalls größere Kristalldurchmesser erzielt werden, wobei hier besonders viele Hohlräume im Kristall zu beobachten waren. Diese hatten eine Größe von 20 μm bis 3 mm. Diese Hohlräume wurden dem Effekt der Kavitation zugeschrieben [44].

3.2 Zielsetzung

Der Stand der Literatur zeigt, dass die mechanische Beeinflussung von Kristallisationsverfahren mittels Vibrationen bzw. Ultraschall ein wichtiges Thema in der Kristallzüchtung ist. Die Fülle an wissenschaftlichen Arbeiten und Forschern, die sich mit diesem Thema beschäftigen, ist sehr umfangreich. Sie ist zwar noch nicht so groß wie bei klassischen Verfahren der Beeinflussung, wie beispielsweise von Magnetfeldern, aber dennoch zeigt sich, dass sie durchaus ihre Daseinsberechtigung hat und verdient, genauer analysiert zu werden. So können durch den Einsatz von Vibrations- bzw. Ultraschallfeldern nicht bloß andere externe Kraftfelder substituiert werden, sondern sie bieten auch eine Reihe von Vorteilen, die nur durch den Einsatz dieser beiden Feldtypen erzielt werden können. So können beispielsweise auch elektrisch nichtleitende Materialen beeinflusst werden, im Gegensatz zum Einsatz von Magnetfeldern.

Grundsätzlich muss jedoch bei der Wirkungsweise zwischen den beiden Verfahren, Vibrationen und Ultraschall, unterschieden werden. Tabelle 3.1 gibt eine Übersicht der Wirkungsweise der unterschiedlichen Schallbereiche in der Kristallzüchtung wieder. Es ist ersichtlich, dass je nach verwendeter Frequenz unterschiedliche Effekte hervorgerufen werden. Insbesondere die Arbeiten von Zharikov zeigen, dass sich durch den Einsatz von Vibrationen die globale Schmelzenströmung beeinflussen lässt. Die Energie wird dabei über den Kristall oder einen Stempel in die Schmelze eingebracht. Die Wirkungsweise der Vibrationen ist dabei ähnlich der elektromagnetischen Beeinflussung. Der gleichzeitige Einsatz von Vibrationen und Magnetfeldern scheint daher nicht sinnvoll. Die eingesetzten Vibrationen sollten in ihrer Frequenz nicht kleiner als 10 Hz sein. Hurle und Jakeman fanden heraus, dass die Phasengrenze ein Tiefpassverhalten bei Frequenzen größer als 10 Hz zeigt [45]. Dieses Tiefpassverhalten führt dazu, dass die Position der Phasengrenze und die chemische Mikrohomogenität des Kristalls nicht gestört werden.

Bei Frequenzen im Ultraschallbereich muss noch einmal zwischen zwei Bereichen unterschieden werden. Der untere Ultraschallbereich mit Frequenzen zwischen 10 kHz und 30 kHz und der höhere Ultraschallbereich zwischen 0,15 MHz und 10 MHz. Der untere Ultraschallbereich ist häufig mit einer verstärkten Kavitationsbildung verbunden. Dieser Kavitationseffekt wird häufig gezielt zu Reinigungsprozessen in Form von Ultraschallbädern ausgenutzt [46]. Für die Kristallzüchtung allerdings ist diese Kavitationswirkung unvorteilhaft, da der empfind-

Frequenz	Eigenschaften	Schlussfolgerung
10-300 Hz	Erzeugung einer globalen Strömung, ähnlich bei der Beeinflussung mit Magnetfeldern. Einbringung der Energie über Stempel oder Kristall in die Schmelze.	→Aufgabe: Bestimmung der Verteilung der globalen Strömung
10-30 kHz	Erzeugung einer starken Kavitation	→Unvorteilhaft
0,15-10 MHz	Erzeugung stehender Wellen, Schlichting-Strömung. Geringe globale Strömung. Einbringung der Energie durch Wellenleiter oder Kristall in die Schmelze.	→Aufgabe: Bestimmung der Verteilung des akustischen Feldes

Tabelle 3.1: Bisher verwendete Schallfrequenzen in der Kristallzüchtung

liche, wachsende Kristall beschädigt und die Schmelze mit Verunreinigungen kontaminiert werden könnte.

Der dritte Frequenzbereich umfasst Ultraschall im Spektrum zwischen 0,15 MHz und 10 MHz. Bei solchen Frequenzen ist die Gefahr der Kavitationsbildung geringer, da die eingesetzte Ultraschallleistung niedriger ist. Der Haupteffekt ist die Erzeugung stehender Wellen, die im Schmelzenvolumen entstehen. Die globale Strömung wird durch den Ultraschall allerdings nicht so stark beeinflusst wie bei der Verwendung von Vibrationen. Teilweise wird die globale Konvektion sogar gedämpft. Die Energie wird bei der Beeinflussung mittels Ultraschall über einen Wellenleiter, häufig auch Sonotrode genannt, in die Schmelze eingebracht. Die stehenden Wellen in der Schmelze führen zur sogenannten Schlichtingströmung, einer Mikroströmung an allen fest-flüssigen Phasengrenzen. Diese Strömung verursacht eine Reduzierung der Dicke der schädlichen Diffusionsgrenzschicht. Zur Analyse des Ultraschalleinflusses ist es notwendig, die Verteilung des akustischen Feldes zu bestimmen. Ein gleichzeitiger Einsatz von Ultraschall und Magnetfeldern kann sinnvoll sein, da beide Feldtypen unterschiedliche Eigenschaften haben. Auf diese Weise können die Vorteile beider Felder miteinander kombiniert werden.

Das Ziel dieser Arbeit ist es nun, den Einfluss sowohl von Vibrationen als auch von Ultraschall genauer zu untersuchen. Dazu wurden numerische Simulationen und praktische Experimente durchgeführt. In Kapitel 5 wird der Versuchsaufbau der VGF-Anlage zur Ultraschallbeeinflussung vorgestellt. Es werden zuerst einige Experimente am Labortisch mit Wasser als Modellflüssigkeit unternommen, deren Ergebnisse vorgestellt werden. Anschließend werden auch die Ergebnisse der ersten realen Versuche mit dem Halbleitermaterial Germanium aufgezeigt. Diese Experimente mit Germanium dienen als Modellversuche für weitere Halbleitermaterialien wie beispielsweise Silizium. In Kapitel 6 werden dann numerische Simulationen mit Germanium durchgeführt. Es wird die Verteilung des akustischen Feldes und die daraus resultierende Schlichtingströmung berechnet. Daraufhin wird der Einfluss der Schlichtingströmung auf das globale Konvektionsbild studiert. Es sollen hier Möglichkeiten gefunden werden, wie die schädliche Diffusionsgrenzschicht möglichst effektiv in ihrer Dicke reduziert werden kann. Auch die Kombination aus einem Ultraschall- und einem Wandermagnetfeld werden untersucht.

In Kapitel 7 wird dann die Beeinflussung mittels Vibrationen numerisch analysiert. Das verwendete Fluid ist in dieser Simulationsanordnung das Halbleitermaterial Galliumarsenid (GaAs). Es soll der Einfluss der Vibrationen auf die Verteilung des globalen Stömungsfeldes berechnet werden. Auch in dieser Simulationsanordnung liegt das Hauptaugenmerk auf der fest-flüssigen Phasengrenze. Die globale Konvektion muss die Möglichkeit bieten, die schädliche Diffusionsgrenzschicht in ihrer Dicke zu reduzieren.

4 Mathematische Grundlagen

In diesem Kapitel werden die mathematischen Grundlagen beschrieben, die beim Einsatz von Ultraschall oder Vibrationen in der Kristallzüchtung von entscheidender Bedeutung sind. In Abschnitt 4.1 werden zunächst die grundsätzlichen Größen und Zusammenhänge in der Ultraschalltechnik betrachtet. Danach werden in Abschnitt 4.2 die Gleichungen zur Berechnung der Strömung in der Schmelze vorgestellt. Dabei wird sowohl auf die globale Schmelzenkonvektion (Eckardströmung) als auch auf die Schlichtingströmung eingegangen, die beim Einsatz von Ultraschall an allen Phasengrenzen auftritt. In Abschnitt 4.3 wird dann die Wellengleichung hergeleitet, die zur Bestimmung des akustischen Feldes in der Schmelze notwendig ist. Zum Schluss wird in Abschnitt 4.4 die Ultraschalldämpfung in Feststoffen berechnet.

4.1 Grundlagen des Ultraschalls

Als Ultraschall werden Schallwellen bezeichnet, die Frequenzen oberhalb der Hörbarkeitsgrenze des Menschen besitzen. Der Ultraschall ist somit ein Bestandteil der Akustik. In Tabelle 4.1 ist eine Einteilung der Akustik auf die verschiedenen Frequenzbereiche zu sehen. Der Schall entsteht, indem sich mechanische Verformungen des Ausgangsmediums immer weiter fortpflanzen. In Feststoffen breiten sich die Wellen in Form von Transversalwellen und Longitudinalwellen aus. Transversalwellen schwingen dabei senkrecht zur Ausbreitungsrichtung und Longitudinalwellen parallel. In Flüssigkeiten kann sich der Schall ausschließlich in Form von longitudinalen Druckwellen ausbreiten, da hier die rücktreibenden Schubkräfte fehlen. In dieser Arbeit werden Schallquellen mit sinusförmigen Anregungen verwendet.

Frequenzbereiche	Gebiet der Akustik
0 Hz $<f<$ 20 Hz	Infraschall
16 Hz $<f<$ 20 kHz	Hörschall
16 kHz $<f<$ 1 GHz	Ultraschall
500 MHz $<f$	Hyperschall

Tabelle 4.1: Einteilung der Akustik in Frequenzbereiche [47]

Eine wichtige Größe zur Charakterisierung der Schallwellen ist deren Energiegehalt. Für harmonische Wellen besteht zwischen Schallintensität I und Schallleistung P der folgende Zusammenhang:

$$I = \frac{P}{A} \tag{4.1}$$

Dabei ist A die durchströmte Fläche der Schallwelle. Der Druck p, der in der Flüssigkeit herrscht, ist proportional zur Wurzel aus der Schallintensität I. Es gilt die folgende Gleichung, in der ρ die Dichte und c die Schallgeschwindigkeit darstellt:

$$p = \sqrt{2\, I\, \rho\, \mathrm{c}} \tag{4.2}$$

Das Displacement bzw. die Verschiebung ist bei Schallwellen in Festkörpern die sich fortpflanzende Schallfeldgröße. Jedes Teilchen schwingt um seine Gleichgewichtslage mit der akustischen Geschwindigkeit v_{A} und legt dabei den Weg der Verschiebung x zurück. Der Zusammenhang zwischen Displacement und der akustischen Geschwindigkeit der schwingenden Teilchen kann mit folgender Formel berechnet werden:

$$x = \frac{v_{\mathrm{A}}}{2\pi f} \tag{4.3}$$

Für die akustische Geschwindigkeit gilt des Weiteren auch die folgende Gleichung:

$$v_{\mathrm{A}} = \frac{p}{\rho\, \mathrm{c}} \tag{4.4}$$

Werden die Gleichungen (4.1) bis (4.4) miteinander verknüpft, so ergibt sich ein Ausdruck für das Displacement bzw. die Verschiebung in Abhängigkeit von der Leistung:

$$x = \frac{v_{\mathrm{A}}}{2\pi f} = \frac{p}{2\pi f \rho\, \mathrm{c}} = \frac{\sqrt{2\, I\, \rho\, \mathrm{c}}}{2\pi f \rho\, \mathrm{c}} = \frac{\sqrt{I}}{\sqrt{2\, \rho\, \mathrm{c}}\, \pi f} = \frac{1}{\pi f}\sqrt{\frac{P}{2\, \rho\, \mathrm{c}\, A}} \tag{4.5}$$

Diese Gleichung wird in Kapitel 6 zur Bestimmung einer geeigneten Verschiebung benötigt. Die Schallausbreitungsgeschwindigkeiten von isotropen Feststoffen in longitudinaler c_l und transversaler Richtung c_t lassen sich anhand grundlegender Materialeigenschaften bestimmen. Für die longitudinale Schallausbreitungsgeschwindigkeit gilt:

$$c_l = \sqrt{E \frac{(1-\nu)}{\rho(1+\nu)(1-2\nu)}} \tag{4.6}$$

Die transversale Schallausbreitungsgeschwindigkeit ergibt sich zu folgendem Ausdruck:

$$c_t = \sqrt{\frac{E}{(2+2\nu)\rho}} \tag{4.7}$$

In diesen Gleichungen ist E das Elastizitätsmodul, ν die Querdehnzahl und ρ die Dichte des Stoffes. In flüssigen Medien breitet sich der Schall ausschließlich in longitudinalen Wellen aus. Die Geschwindigkeit c_l berechnet sich wie folgt:

$$c_l = \sqrt{\frac{K}{\rho}} \tag{4.8}$$

K ist in dieser Gleichung das Kompressionsmodul der Schallwellenenergie. Trifft eine Schallwelle auf eine Grenzfläche mit einem anderen Material, so dringt ein Teil in dieses Material ein und ein anderer Teil wird reflektiert. Dies ist abhängig vom Wellenwiderstand Z. Dieser ist definiert als Produkt aus Schallausbreitungsgeschwindigkeit c und Dichte ρ:

$$Z = \rho\, c \tag{4.9}$$

Materialien mit einem großen Wellenwiderstand werden als akustisch hart und Materialien mit einem geringen Wert als akustisch weich bezeichnet. Beim Materialübergang einer Schallwelle entscheiden die Wellenwiderstände der beiden Materialien über den Grad der Reflektion bzw. der Transmission [48]. Trifft eine Schallwelle von einem Material 1 auf ein anderes Material 2 in normaler Richtung, so berechnet sich der Reflexionskoeffizient R nach folgender Gleichung:

$$R = \left[\frac{Z_2 - Z_1}{Z_2 + Z_1}\right]^2 = \left[\frac{\rho_2\, c_2 - \rho_1\, c_1}{\rho_2\, c_2 + \rho_1\, c_1}\right]^2 \tag{4.10}$$

Der Reflexionskoeffizient R einer Welle, die mit einem Winkel α an der Grenze von einem Material 1 auf ein Material 2 trifft, ist definiert als:

$$R = \left[\frac{\rho_2\, c_2\, \cos\alpha - \rho_1\, \sqrt{c_1^2 - c_2^2\, \sin^2\alpha}}{\rho_2\, c_2\, \cos\alpha + \rho_1\, \sqrt{c_1^2 - c_2^2\, \sin^2\alpha}} \right] \tag{4.11}$$

Aufgrund von Dichteunterschieden ist der Wellenwiderstand von Gasen deutlich niedriger als der von Flüssigkeiten oder sogar Festkörpern. Dadurch wird eine Welle an der Grenze zwischen Flüssigkeit und Gas fast vollständig reflektiert. Die Wellenlänge λ in einem Material wird nach folgender Formel berechnet:

$$\lambda = \frac{c}{f} \tag{4.12}$$

4.2 Strömungen in der Schmelze

Bei der Beeinflussung von Schmelzenströmungen mittels externer Kraftfelder, wie magnetische Wechselfelder, Ultraschall oder auch Vibrationen, treten unterschiedliche Strömungsphänomene auf. Es werden dabei zwei unterschiedliche Strömungsarten unterschieden, die Eckardströmung und die Schlichtingsströmung. Die Eckardströmung beschreibt das globale Strömungsfeld im gesamten Volumen der Schmelze. Auf diese Art der der Strömung wird im folgenden Abschnitt 4.2.1 näher eingegangen. Die Schlichtingsströmung ist dagegen ein Phänomen, das ausschließlich beim Ultraschall auftritt und sich nur in einer sehr dünnen Schicht der Flüssigkeit an der fest-flüssigen Phasengrenze abspielt. Die Besonderheiten der Schlichtingsströmung werden in Abschnitt 4.2.2 erläutert.

4.2.1 Eckardströmung

Die globale Strömung eines schallangeregten Systems wird auch Eckardströmung genannt. Zur vollständigen Beschreibung von Strömungsfeldern werden die sogenannten Navier-Stokes-Gleichungen verwendet, die aus insgesamt drei Gleichungen bestehen. Dies sind die Kontinuitätsgleichung, die Impulsgleichung und die Energiegleichung. Dieses Set aus nichtlinearen partiellen Differentialgleichungen 2. Ordnung bildet die Grundlage für jede Strömungsberechnung. Bei der numerischen Simulation von Schmelzenströmungen werden diese drei Gleichungen simultan gelöst. Je nach Randbedingung können allerdings auch einige Gleichungen vereinfacht oder sogar vernachlässigt werden. Auf diese drei Gleichungen soll im folgenden Abschnitt näher eingegangen werden.

Kontinuitätsgleichung:

Die Kontinuitätsgleichung macht eine Aussage über den Erhalt der Masse. Sie gibt an, dass die Summe der ein- und ausfließenden Massen einer bestimmten Volumeneinheit der Massenänderung pro Zeiteinheit aufgrund der Änderung der Dichte entspricht [49]. Die Kontinuitätsgleichung lautet in ihrer allgemeinen Form für eine instationäre Strömung:

$$\frac{\partial \rho}{\partial t} + \nabla(\rho \mathbf{v}) = 0 \tag{4.13}$$

Impulsgleichung:

Die Impulsgleichung ist die zentrale Gleichung der Navier-Stokes-Gleichungen. Sie folgt aus dem zweiten und dritten Newtonschen Axiom und beschreibt, dass die Summe aller anliegenden Kräfte gleich null sein muss. Dieser Zusammenhang wird mit der folgenden allgemeinen Gleichung verdeutlicht, in der alle Volumenkraftdichten enthalten sind:

$$\mathbf{f}_\mathrm{a} = \mathbf{f}_\mathrm{p} + \mathbf{f}_\mathrm{r} + \mathbf{f}_\mathrm{l} + \mathbf{f}_\mathrm{g} + \mathbf{f}_\mathrm{Schlichting} \tag{4.14}$$

In dieser Gleichung ist $\mathbf{f}_\mathrm{a}$ die Trägheitskraftdichte:

$$\mathbf{f}_\mathrm{a} = \rho \left(\frac{\partial}{\partial t} + \mathbf{v}\nabla \right) \mathbf{v} \tag{4.15}$$

$\mathbf{f}_\mathrm{p}$ entspricht der Druckkraftdichte, die durch Druckdifferenzen innerhalb des Fluides entsteht:

$$\mathbf{f}_\mathrm{p} = -\nabla p \tag{4.16}$$

Da bei der Bewegung des Fluids Reibungen zwischen den einzelnen Flüssigkeitsteilchen entstehen, muss als zusätzliche Kraft die viskose Reibungskraftdichte $\mathbf{f}_\mathrm{r}$ berücksichtigt werden:

$$\mathbf{f}_\mathrm{r} = \eta \nabla^2 \mathbf{v} + \frac{1}{3} \eta \nabla (\nabla \mathbf{v}) \tag{4.17}$$

In dieser Gleichung ist η die dynamische Viskosität. Falls ein Magnetfeld auf die Schmelze wirkt, muss die entstehende Lorentzkraft mit einkalkuliert werden. Dies geschieht durch den folgenden Ausdruck:

$$\mathbf{f}_\mathrm{l} = \mathbf{S} \times \mathbf{B} \tag{4.18}$$

Dabei ist $\mathbf{S}$ der Vektor für die elektrische Stromdichte und $\mathbf{B}$ der Vektor für die magnetische Flussdichte. Der durch die Erwärmung bedingte thermische Auftrieb wird durch den Term $\mathbf{f}_\mathrm{g}$ beschrieben. Dabei wurde die Boussinesq-Approximation verwendet, bei der die Veränderung der temperaturabhängigen Dichte vernachlässigt wird. Dies ist allerdings zulässig, da die Temperaturgradienten bei Kristallzüchtungsschmelzen nur sehr gering sind. β ist der isobare thermische Ausdehnungskoeffizient.

$$\mathbf{f}_\mathrm{g} = \mathbf{g} \rho_0 [1 - \beta(\vartheta - \vartheta_0)] \tag{4.19}$$

Soll bei der Strömungsberechnung als externes Feld Ultraschall verwendet werden, so ist auch dafür eine Kraftdichte in die Grundgleichung einzubauen. Der Ultraschall erzeugt in erster Linie eine grenzschichtnahe Schlichtingströmung (siehe Abschnitt 4.2.2). Diese Strömung hat ebenfalls Einfluss auf das globale Strömungsfeld und wird durch den Term $\mathbf{f}_\mathrm{Schlichting}$ repräsentiert. Bei der globalen Strömungsberechnung wird die Schlichtingströmung dann als Geschwindigkeitsrandbedingung berücksichtigt. Falls ein Vibratorstempel zur Strömungsbeeinflussung verwendet wird, so kommt ebenfalls ein strömungsantreibender Term zur Impulsgleichung hinzu. Vibrationen werden wie Ultraschall als Geschwindigkeitsrandbedingung mit in die Berechnung einbezogen (siehe dazu Abschnitt 7).

Werden alle Kraftdichten in die Ausgangsgleichung (4.14) eingesetzt, so erhält man die vollständige Impulserhaltungsgleichung:

$$\rho \left(\frac{\partial}{\partial t} + \mathbf{v} \nabla \right) \mathbf{v} = -\nabla p + \eta \nabla^2 \mathbf{v} + \frac{1}{3} \eta \nabla (\nabla \mathbf{v}) + \mathbf{g}\, \rho_0 [1 - \beta(\vartheta - \vartheta_0)] + \mathbf{S} \times \mathbf{B} + \mathbf{f}_\mathrm{Schlichting} \tag{4.20}$$

Energiegleichung:

Die Energiegleichung beinhaltet den ersten Hauptsatz der Thermodynamik und sorgt somit bei der Strömungsberechnung für die Energieerhaltung des Systems. Aus der Energiegleichung kann auch die Temperaturverteilung in der Schmelze berechnet werden. Die Energiegleichung entspricht in ihrer allgemeinen Form der Wärmeleitungsgleichung und lautet:

$$c_p \, \rho \, \frac{\partial \vartheta}{\partial t} = \operatorname{div}(\lambda \; \operatorname{grad} \vartheta) + p \tag{4.21}$$

Diese Differentialgleichung lässt sich noch weiter vereinfachen. Da es sich bei den späteren numerischen Simulationen lediglich um 2d-Modelle handelt, kann Gleichung (4.21) in eine 2-dimensionale Gleichung vereinfacht werden. Des Weiteren kann bei den später betrachteten Modellen die Wärmeleitung λ als konstant angenommen werden. Die dritte Vereinfachung betrifft die Wärmequellendichte p. In Abschnitt 6.2.4 wird zwar die Strömung eines Wandermagnetfeldes berechnet, allerdings sind die entstehenden Stromdichten in der Schmelze so gering, dass sie als Wärmequellendichten vernachlässigt werden können. Die Wärmeleitungsgleichung vereinfacht sich somit zu folgendem Ausdruck:

$$c_p \, \rho \, \frac{\partial \vartheta}{\partial t} = \lambda \left(\frac{\partial^2 \vartheta}{\partial x^2} + \frac{\partial^2 \vartheta}{\partial y^2} \right) \tag{4.22}$$

4.2.2 Schlichtingströmung

Die Schlichtingströmung ist eine Strömung, die in der viskosen Grenzschicht an der Phasengrenze entsteht. Dazu muss ein akustisches Feld vorhanden sein, welches stehende Wellen in der Flüssigkeit ausbildet. Entdeckt wurde dieses Phänomen von Schlichting und geht zurück auf die Rayleighströmung [49]. Die Standardtheorie von Rayleigh wurde aus der Strömung zwischen zwei parallelen Platten abgeleitet. Beim Anlegen eines akustischen Feldes breiten sich zwischen den Platten stehende Wellen aus. Aus dem Zusammenspiel der stehenden Wellen und der Flüssigkeit bilden sich stationäre Wirbelströmungen entlang der Phasengrenze aus [2, 50, 51]. Die maximale Durchschnittsgeschwindigkeit dieser Strömungswirbel parallel zur Platte wird durch Gleichung (4.23) beschrieben.

$$U_{\mathrm{x,max}} = \frac{3 \, \hat{v}_{\mathrm{A}}^2}{8 \, \mathrm{c}} \sin 2 \, k \, L \tag{4.23}$$

In dieser Gleichung ist k die Wellennummer, v_A ist die Amplitude der akustischen Geschwindigkeit der vibrierenden Platte, c ist die Schallgeschwindigkeit und L stellt eine typische Länge des Systems dar, beispielsweise die Wellenlänge [52]. Schlichting verallgemeinerte dieses Modell von Rayleigh, so dass auch die Strömung in der Nähe einer vibrierenden Wand berechnet werden konnte. Nach Schlichting breiten sich innerhalb der akustischen Grenzschicht flache Strömungswirbel aus. Die Dicke der akustischen Grenzschicht ergibt sich aus Gleichung (4.24) [53].

$$\delta_\mathrm{A} = \sqrt{\frac{2\,\nu}{\omega}} = \sqrt{\frac{\nu}{2\,\pi\,f}} \tag{4.24}$$

ν ist darin die kinematische Viskosität des Fluides und ω die Kreisfrequenz der Schwingung. Es ist zu sehen, dass die Dicke der akustischen Grenzschicht mit zunehmender Frequenz abnimmt. Für den Fall einer Siliziumschmelze, die mit einer Frequenz von $f = 500$ kHz beschallt wird, ergibt sich für die akustische Grenzschicht eine Dicke von $\delta_\mathrm{A} = 0,47\ \mu$m. Dabei wurde eine kinematische Viskosität von $\nu = 0,0035\ \mathrm{cm}^2/\mathrm{s}$ angesetzt. Im Vergleich zur Dicke der hydrodynamischen Grenzschicht ist die Dicke der akustischen Grenzschicht verschwindend gering. Die Dicke der hydrodynamischen Grenzschicht berechnet sich nach folgender Gleichung:

$$\delta_\mathrm{HD} = \sqrt{\frac{\nu\,L}{v_\mathrm{Kon}}} \tag{4.25}$$

In dieser Gleichung ist ν wieder die kinematische Viskosität, L ist die charakteristische Länge und V_Kon die Geschwindigkeit der globalen Strömungskonvektion an der Grenzschicht. Wird von einer Siliziumschmelze mit einer globalen Strömungsgeschwindigkeit von $v_\mathrm{Kon} = 3$ cm/s ausgegangen und setzt man einen Kristalldurchmesser von 20 cm als charakteristische Länge in die Gleichung (4.25) ein, so ergibt sich eine hydrodynamische Grenzschicht der Dicke $\delta_\mathrm{HD} = 1,5$ mm. In Abbildung 4.1 ist die Schlichtingströmung an einer ebenen, fest-flüssigen Phasengrenze dargestellt. Es ist zu sehen, dass die Wirbel der Schlichtingströmung innerhalb der hydrodynamischen Grenzschicht verlaufen. Die Schlichtingströmung an der fest-flüssigen Phasengrenze berechnet sich nach [38] zu:

$$\mathbf{U} = -\frac{1}{2\omega}\mathrm{Re}\left\{\frac{1}{2}(\mathbf{v}_\mathrm{A}\nabla)\mathbf{v}_\mathrm{A} + (1+\frac{3}{2}\mathrm{i})\mathbf{v}_\mathrm{A}(\nabla\mathbf{v}_\mathrm{A}) + \frac{3}{2}(1-\mathrm{i})(\mathbf{v}_\mathrm{A}\nabla\varphi)\mathbf{v}_\mathrm{A}\right\} \tag{4.26}$$

$$\mathbf{U} = -\frac{1}{2\omega}\left\{\frac{1}{2}(\mathbf{v}_\mathrm{A}\nabla)\mathbf{v}_\mathrm{A} + \mathbf{v}_\mathrm{A}(\nabla\mathbf{v}_\mathrm{A}) + \frac{3}{2}(\mathbf{v}_\mathrm{A}\nabla\varphi)\mathbf{v}_\mathrm{A}\right\} \tag{4.27}$$

Dabei ist **U** der Geschwindigkeitsvektor der Schlichtingströmung, der sich in die Komponenten für die drei Raumrichtungen aufteilt.

$$\mathbf{U} = \begin{pmatrix} U_\mathrm{x} \\ U_\mathrm{y} \\ U_\mathrm{z} \end{pmatrix} \tag{4.28}$$

$\mathbf{v}_\mathrm{A}$ ist der Vektor der akustischen Geschwindigkeit an der fest-flüssigen Phasengrenze und φ dessen Phasenverschiebung.

$$\mathbf{v}_\mathrm{A} = \begin{pmatrix} v_\mathrm{A,x} \\ v_\mathrm{A,y} \\ v_\mathrm{A,z} \end{pmatrix} \tag{4.29}$$

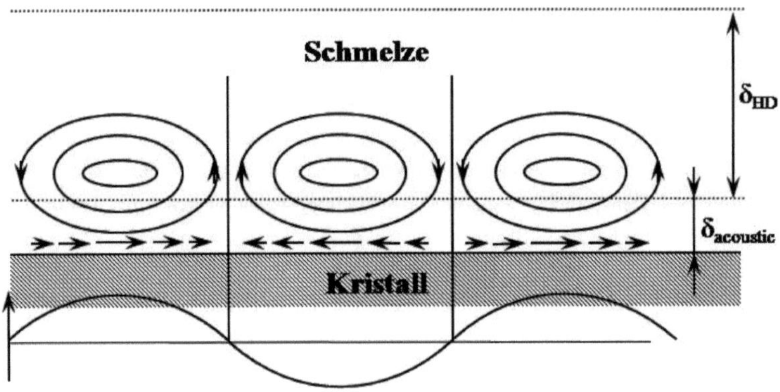

Abbildung 4.1: Schlichtingströmung an einer ebenen, fest-flüssigen Phasengrenze.

Mit $\nabla = \begin{pmatrix} \frac{\partial}{\partial x} & \frac{\partial}{\partial y} & \frac{\partial}{\partial z} \end{pmatrix}$ kann Gleichung 4.27 zu folgendem Ausdruck umgeschrieben werden:

$$\begin{pmatrix} U_x \\ U_y \\ U_z \end{pmatrix} = -\frac{1}{2\omega}\left\{ \frac{1}{2}\left(\begin{pmatrix} v_{A,x} \\ v_{A,y} \\ v_{A,z} \end{pmatrix} \begin{pmatrix} \frac{\partial}{\partial x} & \frac{\partial}{\partial y} & \frac{\partial}{\partial z} \end{pmatrix} \right) \begin{pmatrix} v_{A,x} \\ v_{A,y} \\ v_{A,z} \end{pmatrix} \right.$$
$$\left. + \begin{pmatrix} v_{A,x} \\ v_{A,y} \\ v_{A,z} \end{pmatrix} \left(\begin{pmatrix} \frac{\partial}{\partial x} & \frac{\partial}{\partial y} & \frac{\partial}{\partial z} \end{pmatrix} \begin{pmatrix} v_{A,x} \\ v_{A,y} \\ v_{A,z} \end{pmatrix} \right) + \frac{3}{2}\left(\begin{pmatrix} v_{A,x} \\ v_{A,y} \\ v_{A,z} \end{pmatrix} \begin{pmatrix} \frac{\partial}{\partial x} & \frac{\partial}{\partial y} & \frac{\partial}{\partial z} \end{pmatrix} \varphi \right) \begin{pmatrix} v_{A,x} \\ v_{A,y} \\ v_{A,z} \end{pmatrix} \right\} \tag{4.30}$$

Durch Ausmultiplizieren wird die folgende Gleichung erzielt:

$$\begin{pmatrix} U_x \\ U_y \\ U_z \end{pmatrix} = -\frac{1}{2\omega}\left\{ \frac{1}{2}\left[v_{A,x}\frac{\partial}{\partial x} + v_{A,y}\frac{\partial}{\partial y} + v_{A,z}\frac{\partial}{\partial z} \right] \begin{pmatrix} v_{A,x} \\ v_{A,y} \\ v_{A,z} \end{pmatrix} \right.$$
$$\left. + \begin{pmatrix} v_{A,x} \\ v_{A,y} \\ v_{A,z} \end{pmatrix} \left[\frac{\partial v_{A,x}}{\partial x} + \frac{\partial v_{A,y}}{\partial y} + \frac{\partial v_{A,z}}{\partial z} \right] + \frac{3}{2}\left[v_{A,x}\frac{\partial \varphi}{\partial x} + v_{A,y}\frac{\partial \varphi}{\partial y} + v_{A,z}\frac{\partial \varphi}{\partial z} \right] \begin{pmatrix} v_{A,x} \\ v_{A,y} \\ v_{A,z} \end{pmatrix} \right\} \tag{4.31}$$

Nun kann die Schlichtingströmung für jede der drei Raumrichtungen separat angegeben werden:

$$\begin{pmatrix} U_x \\ U_y \\ U_z \end{pmatrix} = -\frac{1}{2\omega}\left(\begin{matrix} \frac{1}{2}\left[v_{A,x}\frac{\partial v_{A,x}}{\partial x} + v_{A,y}\frac{\partial v_{A,x}}{\partial y} + v_{A,z}\frac{\partial v_{A,x}}{\partial z} \right] \\ \frac{1}{2}\left[v_{A,x}\frac{\partial v_{A,y}}{\partial x} + v_{A,y}\frac{\partial v_{A,y}}{\partial y} + v_{A,z}\frac{\partial v_{A,y}}{\partial z} \right] \\ \frac{1}{2}\left[v_{A,x}\frac{\partial v_{A,z}}{\partial x} + v_{A,y}\frac{\partial v_{A,z}}{\partial y} + v_{A,z}\frac{\partial v_{A,z}}{\partial z} \right] \end{matrix} \right.$$
$$\left. \begin{matrix} +\left[v_{A,x}\frac{\partial v_{A,x}}{\partial x} + v_{A,x}\frac{\partial v_{A,y}}{\partial y} + v_{A,x}\frac{\partial v_{A,z}}{\partial z} \right] + \frac{3}{2}\left[v_{A,x}^2\frac{\partial \varphi}{\partial x} + v_{A,y}v_{A,x}\frac{\partial \varphi}{\partial y} + v_{A,z}v_{A,x}\frac{\partial \varphi}{\partial z} \right] \\ +\left[v_{A,y}\frac{\partial v_{A,x}}{\partial x} + v_{A,y}\frac{\partial v_{A,y}}{\partial y} + v_{A,y}\frac{\partial v_{A,z}}{\partial z} \right] + \frac{3}{2}\left[v_{A,x}v_{A,y}\frac{\partial \varphi}{\partial x} + v_{A,y}^2\frac{\partial \varphi}{\partial y} + v_{A,z}v_{A,y}\frac{\partial \varphi}{\partial z} \right] \\ +\left[v_{A,z}\frac{\partial v_{A,x}}{\partial x} + v_{A,z}\frac{\partial v_{A,y}}{\partial y} + v_{A,z}\frac{\partial v_{A,z}}{\partial z} \right] + \frac{3}{2}\left[v_{A,x}v_{A,z}\frac{\partial \varphi}{\partial x} + v_{A,y}v_{A,z}\frac{\partial \varphi}{\partial y} + v_{A,z}^2\frac{\partial \varphi}{\partial z} \right] \end{matrix} \right) \tag{4.32}$$

Für den 2-dimensionalen Fall mit $z = 0$ vereinfacht sich der Ausdruck zu:

$$\begin{pmatrix} U_\mathrm{x} \\ U_\mathrm{y} \end{pmatrix} = -\frac{1}{2\omega} \begin{pmatrix} \frac{1}{2}\left[v_\mathrm{A,x}\frac{\partial v_\mathrm{A,x}}{\partial x} + v_\mathrm{A,y}\frac{\partial v_\mathrm{A,x}}{\partial y}\right] + \left[v_\mathrm{A,x}\frac{\partial v_\mathrm{A,x}}{\partial x} + v_\mathrm{A,x}\frac{\partial v_\mathrm{A,y}}{\partial y}\right] + \frac{3}{2}\left[v_\mathrm{A,x}^2\frac{\partial \varphi}{\partial x} + v_\mathrm{A,y}v_\mathrm{A,x}\frac{\partial \varphi}{\partial y}\right] \\ \frac{1}{2}\left[v_\mathrm{A,x}\frac{\partial v_\mathrm{A,y}}{\partial x} + v_\mathrm{A,y}\frac{\partial v_\mathrm{A,y}}{\partial y}\right] + \left[v_\mathrm{A,y}\frac{\partial v_\mathrm{A,x}}{\partial x} + v_\mathrm{A,y}\frac{\partial v_\mathrm{A,y}}{\partial y}\right] + \frac{3}{2}\left[v_\mathrm{A,x}v_\mathrm{A,y}\frac{\partial \varphi}{\partial x} + v_\mathrm{A,y}^2\frac{\partial \varphi}{\partial y}\right] \end{pmatrix} \tag{4.33}$$

$$= -\frac{1}{2\omega} \begin{pmatrix} \frac{3}{2}v_\mathrm{A,x}\frac{\partial v_\mathrm{A,x}}{\partial x} + \frac{1}{2}v_\mathrm{A,y}\frac{\partial v_\mathrm{A,x}}{\partial y} + v_\mathrm{A,x}\frac{\partial v_\mathrm{A,y}}{\partial y} + \frac{3}{2}v_\mathrm{A,x}^2\frac{\partial \varphi}{\partial x} + \frac{3}{2}v_\mathrm{A,y}v_\mathrm{A,x}\frac{\partial \varphi}{\partial y} \\ \frac{3}{2}v_\mathrm{A,y}\frac{\partial v_\mathrm{A,y}}{\partial y} + v_\mathrm{A,x}\frac{\partial v_\mathrm{A,y}}{\partial x} + v_\mathrm{A,y}\frac{\partial v_\mathrm{A,x}}{\partial x} + \frac{3}{2}v_\mathrm{A,x}v_\mathrm{A,y}\frac{\partial \varphi}{\partial x} + \frac{3}{2}v_\mathrm{A,y}^2\frac{\partial \varphi}{\partial y} \end{pmatrix} \tag{4.34}$$

Für den speziellen Fall einer ebenen, horizontalen Kristallisationsfront gibt es nur eine Geschwindigkeitskomponente von $\mathbf{v}_\mathrm{A}$ in x-Richtung. Es ist somit $v_\mathrm{A,y} = 0$ und folglich gibt es auch nur eine x-Komponente von U:

$$U_\mathrm{x} = -\frac{1}{2\omega}\left\{\frac{3}{2}v_\mathrm{A,x}\frac{\partial v_\mathrm{A,x}}{\partial x} + \frac{3}{2}v_\mathrm{A,x}^2\frac{\partial \varphi}{\partial x}\right\} \tag{4.35}$$

$$= -\frac{3}{4\omega}\left\{v_\mathrm{A,x}\frac{\partial v_\mathrm{A,x}}{\partial x} + v_\mathrm{A,x}^2\frac{\partial \varphi}{\partial x}\right\} \tag{4.36}$$

Gleichung (4.36) wird in Kapitel 6 zur Berechnung der Schlichtingströmung verwendet.

4.3 Beschreibung des akustischen Feldes

Bei der Berechnung des akustischen Ultraschallfeldes wird zwischen der Schallausbreitung in Feststoffen und Flüssigkeiten unterschieden. Im Folgenden sollen zunächst die grundlegenden Zusammenhänge zwischen den Schallfeldgrößen Dichte ρ und Druck p für den flüssigen Bereich hergeleitet werden. Die flüssigen Bereiche des Tiegelsystems sind Schmelze und Umgebungsmedium. Es wird davon ausgegangen, dass keine Energie in Wärme umgesetzt wird. Das heißt, das Feld ist verlustfrei und es kann auf einen Term für die Dissipation verzichtet werden. Dies lässt sich damit rechtfertigen, dass die zu erwartenden Dissipationsverluste vernachlässigbar klein sind im Vergleich zu der hohen Energie, die ohnehin der Schmelze zugeführt wird. Unter der Annahme, dass keine viskosen Kräfte vorliegen, die mittlere Geschwindigkeit in der Schmelze gleich null ist und die akustische Amplitude klein ist, vereinfacht sich die Impulserhaltungsgleichung (4.20) zu folgendem Ausdruck:

$$\rho_0 \frac{\partial \mathbf{v}}{\partial t} = -\nabla p \tag{4.37}$$

Diese Form der Impulsgleichung wird auch Euler Gleichung genannt. Die zweite grundlegende Formel zur Ermittlung der Wellengleichung ist die Kontinuitätsgleichung. Diese lautet, wie bereits Gleichung (4.13):

$$\frac{\partial \rho}{\partial t} + \nabla(\rho \mathbf{v}) = 0 \tag{4.38}$$

Die Erhaltungsgleichung beschreibt die Dichte ρ als eine Funktion von der über die Zeit gemittelten Dichte ρ_0 in Abhängigkeit von der Kompression s:

$$\rho = \rho_0(1+s) \tag{4.39}$$

Durch Einsetzen von (4.39) in (4.38) entsteht:

$$\frac{\partial\left(\rho_0(1+s)\right)}{\partial t} + \nabla(\rho_0(1+s)\mathbf{v}) = 0 \tag{4.40}$$

Da ρ_0 in Zeit und Ort konstant ist, vereinfacht sich Gleichung (4.40) zu:

$$\frac{\partial(1+s)}{\partial t} + \nabla((1+s)\mathbf{v}) = 0 \tag{4.41}$$

Die Kompression s ist sehr klein, daher vereinfacht sich Gleichung (4.41) weiter zu:

$$\frac{\partial s}{\partial t} + \nabla(\mathbf{v}) = 0 \tag{4.42}$$

Die Divergenz von Gleichung (4.37)lautet:

$$\rho_0 \nabla \frac{\partial \mathbf{v}}{\partial t} = -\nabla(\nabla p) = -\nabla^2 p \tag{4.43}$$

Es wird nun die zeitliche Ableitung von (4.42) gebildet:

$$\frac{\partial^2 s}{\partial t^2} + \frac{\partial(\nabla \mathbf{v})}{\partial t} = 0 \tag{4.44}$$

$$\frac{\partial^2 s}{\partial t^2} + \nabla \frac{\partial \mathbf{v}}{\partial t} = 0 \tag{4.45}$$

Gleichung (4.43) in Gleichung (4.45) eingesetzt ergibt:

$$\nabla^2 p = \rho_0 \frac{\partial^2 s}{\partial t^2} \tag{4.46}$$

Wird nun die adiabatische Zustandsgleichung $p = \mathrm{K}s$ berücksichtigt, so kann der Term s aus Gleichung (4.46) eliminiert werden:

$$\nabla^2 p = \rho_0 \frac{\partial^2 (\frac{p}{\mathrm{K}})}{\partial t^2} = \frac{\rho_0}{\mathrm{K}} \frac{\partial^2 p}{\partial t^2} \tag{4.47}$$

Mit der Definition für die Schallgeschwindigkeit $\mathrm{c} = \sqrt{\mathrm{K}/\rho_0}$ (siehe Gleichung 4.8) entsteht nun die Wellengleichung:

$$\nabla^2 p = \frac{1}{\mathrm{c}^2} \frac{\partial^2 p}{\partial t^2} \tag{4.48}$$

In den festen Bereichen des Tiegelsystems, also im Bornitridtiegel und im Kristall, wird die Ausbreitung der Verschiebung $\hat{x}$ mit der Bewegungsgleichung berechnet. Diese lautet:

$$\mathbf{M}\ddot{x} + \mathbf{C}\dot{x} + \mathbf{K}x = \mathbf{F}^{\mathrm{a}} \tag{4.49}$$

In dieser Formel ist **M** die Massenmatrix, **C** die Dämpfungsmatrix, **K** die Steifigkeitsmatrix und $\mathbf{F}^{\mathrm{a}}$ der Kraftvektor einer Anregung, beispielsweise durch Ultraschall. $\dot{x}$ beschreibt die

Geschwindigkeit und $\ddot{x}$ die Beschleunigung. Beide Gleichungen (4.48) und (4.49) sind miteinander verkoppelt. So wird an der der fest-flüssig Phasengrenze eine Druckwelle in eine Verschiebung umgerechnet, die sich dann im festen Tiegelbereich fortsetzen kann. Umgekehrt wird an der Phasengrenze auch eine Verschiebung in einen Druck umgerechnet, der sich dann im flüssigen Bereich ausbreiten kann. Auf diese Weise kann das akustische Feld für das gesamte Tiegelsystem berechnet werden.

Die Wellengleichung (4.48) in der oben hergeleiteten Form und die Bewegungsgleichung (4.49) sind die Grundlage für alle weiteren Ultraschallberechnungen, die in Kapitel 6 vorgestellt werden [54, 55].

4.4 Berechnung der Ultraschalldämpfung

Wenn eine Schallwelle ein Medium durchläuft, so erfährt sie in der Regel eine Dämpfung. Die Schallintensität und alle weiteren damit verbundenen Schallfeldgrößen nehmen mit dem Fortschreiten der Schallwelle ab. Der Grund dafür ist die Dissipation, bei der ein Teil der Schwingung in thermische Energie umgewandelt wird. Die in Abschnitt 4.3 vorgestellte Gleichung (4.49) beschreibt, wie sich eine Schallwelle in einem Festkörper fortbewegt. Diese Gleichung, die in dieser Form auch vom Softwareprogramm ANSYS verwendet wird, enthält die Strukturdämpfungsmatrix **C**. Es wird davon ausgegangen, dass diese Dämpfungsmatrix proportional zur Massenmatrix **M** und zur Steifigkeitsmatrix **K** ist. Diese Art der Dämpfung, die sehr häufig zur Implementierung von Dämpfungen verwendet wird, leitet sich von der sogenannten Rayleighdämpfung ab. Die Strukturdämpfungsmatrix ist somit wie folgt definiert:

$$\mathbf{C} = \alpha \mathbf{M} + \left(\beta + \frac{2}{\Omega} \beta_c \right) \mathbf{K} \tag{4.50}$$

In dieser Gleichung ist α der lineare Massenmatrixfaktor, β der lineare Steifigkeitsmatrixfaktor und β_c der frequenzunabhängige Steifigkeitsmatrixfaktor [56]. Für den frequenzunabhängigen Steifigkeitsmatrixfaktor gilt der folgende Zusammenhang:

$$\beta_c = \frac{2\,\zeta}{\omega} = \frac{\zeta}{\pi\, f} \tag{4.51}$$

In dieser Gleichung ist ζ das konstante Dämpfungsverhältnis. Für ζ wiederum gilt:

$$\zeta = \alpha_\mathrm{D}\,\lambda = \alpha_\mathrm{D}\,\frac{\mathrm{c}}{f} \tag{4.52}$$

α_D ist der frequenzabhängige Dämpfungsfaktor mit der Einheit $[1/\mathrm{m}]$. Dies ist auch der Dämpfungswert, der in der Literatur am häufigsten zu finden ist. Er beschreibt die Abnahme der Schwingungsamplitude $\hat{x}_0$ nach dem folgenden Exponentialgesetz:

$$\hat{x}_1 = \hat{x}_0\,\mathrm{e}^{-\alpha_\mathrm{D}\,x} \tag{4.53}$$

$\hat{x}_0$ ist dabei die Ausgangsamplitude und $\hat{x}_1$ die Amplitude nach x Metern. Ein Dämpfungswert von $\alpha_\mathrm{D} = 20\,\mathrm{m}^{-1}$ bedeutet somit, dass die Amplitude der Schallwelle nach 20 m nur noch $\mathrm{e}^{-1} = 37\,\%$ des Ausgangswertes besitzt. Es ist zu beachten, dass Werte von α_D immer nur für eine bestimmte Frequenz gültig sind. Wird Gleichung (4.52) in Gleichung (4.51) eingesetzt, so ergibt sich der folgende Ausdruck:

$$\beta_\mathrm{c} = \frac{\alpha_\mathrm{D}\,\mathrm{c}}{\pi\,f^2} \tag{4.54}$$

Mittels dieser Gleichung lassen sich die meisten Dämpfungswerte α_D aus der Literatur in einen frequenzunabhängigen Steifigkeitsmatrixfaktor β_c umrechnen. Häufig sind die Literaturwerte der Dämpfung α_D in [dB/m] angegeben. Umrechnen lassen sich diese Werte nach der folgenden Formel:

$$[1/\mathrm{m}] = [\mathrm{Np}/\mathrm{m}] = \frac{[\mathrm{dB}/\mathrm{m}]}{20\log\mathrm{e}} = \frac{[\mathrm{dB}/\mathrm{m}]}{8{,}6859} \tag{4.55}$$

In Abschnitt 6 wird die Ultraschallbeeinflussung eines Kristallisationsprozesses numerisch simuliert. Dabei wird die Dämpfung des Schalls nur in den festen Tiegelbereichen, also im Kristall und im Tiegelmaterial, berücksichtigt. In der Flüssigkeit wird die Dämpfung dagegen vernachlässigt, da sie im Vergleich zur Dämpfung von Feststoffen deutlich kleiner ist.

5 Modellexperimente mit Ultraschall

In diesem Abschnitt werden die praktischen Experimente dargestellt, die zur Ultraschallbeeinflussung von Halbleiterschmelzen durchgeführt wurden. Das Ziel ist es, eine Kristallzüchtungsanlage nach dem VGF-Verfahren (Vertical Gradient Freeze) erfolgreich mit einer Ultraschalleinheit zu betreiben. Die verwendete VGF-Anlage steht im Institut für Kristallzüchtung (IKZ) in Berlin. Es handelt sich dabei um eine Anlage vom Typ „Kronos" von der CGS GmbH in Asslar, bei der das Standardheizelement durch ein Heizer-Magnet-Modul (HMM) ersetzt wurde. Diese spezielle Ausführung des Heizers ermöglicht es, einerseits den Tiegel zu heizen und andererseits gleichzeitig mittels eines Wandermagnetfeldes die Schmelzenkonvektion zu beeinflussen.

Der prinzipielle Aufbau dieser Apparatur und die positive Wirkungsweise des Heizer-Magnet-Moduls wurde schon in einigen Veröffentlichungen im Rahmen des KRISTMAG-Projektes von Frank-Rotsch beschrieben [57, 58]. In Abbildung 5.1 ist die verwendete Anlage zu sehen. In Abschnitt 5.1 wird die ausgewählte Ultraschallanlage beschrieben, die in die Kronos-Anlage integriert wurde. In Abschnitt 5.2 werden einige experimentelle Voruntersuchungen am Labortisch vorgestellt. Bei diesen Experimenten wurde die Ultraschallwirkung an Wasser als Modellflüssigkeit mit Schwimmpartikeln analysiert. Hierdurch sollte die prinzipielle Funktionsweise der Ultraschalleinheit getestet werden. Im darauf folgenden Abschnitt 5.3 wird die verwendete Züchtungsanlage beschrieben. Danach werden die Ergebnisse der ersten richtigen Züchtungsversuche mit Germanium aufgezeigt und visualisiert.

Abbildung 5.1: Verwendete VGF-Anlage vom Modell „Kronos“ am Institut für Kristallzüchtung Berlin (IKZ)

5.1 Beschreibung der Ultraschallanlage

Wie bereits in Kapitel 3 beschrieben, ist für den Einsatz in der Kristallzüchtung Ultraschall im Megahertzbereich sinnvoll. In diesem Abschnitt sollen die ausgewählten Komponenten der Ultraschallanlage vorgestellt werden. In Abschnitt 5.1.1 werden der Ultraschallgenerator und die verwendete Piezokeramik beschrieben. Der darauf folgende Abschnitt 5.1.2 beschäftigt sich mit der Auswahl eines geeigneten Schallleiters, insbesondere eines geeigneten Schallleitermaterials. Der letzte Abschnitt 5.1.3 zeigt, wie alle beschriebenen Komponenten zu einer funktionsfähigen Ultraschalleinheit zusammengefügt werden, die für die praktischen Experimente genutzt wurde.

5.1.1 Generator und Piezokeramik

Für die praktischen Experimente wurde ein Ultraschallsystem der Firma Meinhardt verwendet (Meinhardt Ultraschalltechnik, Leipzig). Die verwendete Ultraschalleinheit besteht aus den beiden Bauteilen Ultraschallgenerator und Signalumformer und ist in Abbildung 5.2 dargestellt. Der Ultraschallgenerator erzeugt ein sinusförmiges Signal mit einer einstellbaren Frequenz zwischen 0,2 MHz und 10 MHz. Die maximale Ausgangsleistung des Generators beträgt 200 W bei einer Anschlussspannung von 220/230 V. Der Signalumformer, auch Schallgeber oder Transducer genannt, besteht aus einer gekapselten Piezokeramik, die das sinusförmige Signal des Ultraschallgenerators in Schwingungen umwandelt. Die Piezokeramik befindet sich in einem Edelstahlgehäuse und gibt den Schall über eine säurebeständige Titanmembran nach außen hin ab.

Da das gesamte schwingungsfähige System, bestehend aus Piezokeramik und Gehäuse, eine Eigenfrequenz besitzt, kann der Signalumformer nur solche Ultraschallfrequenzen mit einer ausreichend großen Amplitude abgegeben, die ein vielfaches der Eigenfrequenz betragen. Der hier vorliegende Schallgeber ist auf die drei Frequenzen 581 kHz, 861 kHz und 1136 kHz ausgelegt. Wird am Generator eine andere Frequenz als eine dieser drei eingestellt, so ist die Amplitude des Ultraschalls nur sehr klein und daher für den Einsatz in der Kristallzüchtung nicht geeignet. Das verwendete Gerät bietet auch die die Möglichkeit, den Ultraschall zu pulsen. Diese Funktion könnte für die Kristallzüchtung sehr interessant sein, da auf diese Weise quasi mehrere Frequenzen überlagert werden können. Experimentelle Versuche zu dieser

Funktionsweise sind in Planung, konnten aber bislang leider noch nicht durchgeführt werden. Das Gerät zur Einstellung der Pulsung ist in Abbildung 5.2 oben rechts zu sehen.

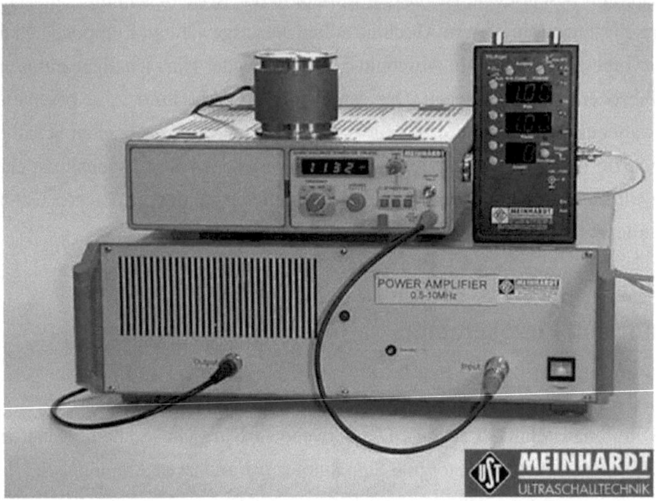

Abbildung 5.2: Ultraschallgenerator mit Piezokeramik

5.1.2 Auswahl eines geeigneten Schallleiters

Neben Generator und Piezokeramik ist auch die Wahl eines geeigneten Schallleiters von entscheidender Bedeutung. Der Schallleiter transportiert den Schall vom Signalumformer zur Schmelze. Die Ultraschalleinheit ist mittig über der Kronos-Anlage installiert und der Schallleiter erreicht von dort über eine Öffnung im Deckel des Ofens die Schmelze. Dieses Loch war bereits vorhanden und wurde für die Zuführung von Thermoelementen zur Temperaturüberwachung genutzt. Die Öffnung hat einen Durchmesser von ungefähr 11 mm, so dass die Dicke des Schallleiters auf 10 mm begrenzt ist. Des Weiteren verfügt die Kronos-Anlage über eine sehr dickwandige Wärmeisolationsschicht, so dass der Schallleiter den Schall über eine Länge von circa 1 m leiten muss. Diese beiden Größenfaktoren, lang und schmal, führen zu erheblichen Verlusten des Ultraschalls auf dem Weg von der Piezokeramik zur Schmelze. Es ist daher sehr entscheidend, ein geeignetes Material zu finden, dass den Schall möglichst gut leitet.

Normalerweise werden für die Herstellung von Schallleitern Materialien wie Titan oder aber auch Edelstahl verwendet. Diese leiten den Schall besonders gut und sind auch für die meisten Verwendungsmöglichkeiten geeignet. Für den Einsatz in der Kristallzüchtung für die Photovoltaikindustrie eignen sich allerdings beide nicht, da sie die Schmelze verunreinigen würden und somit die Ladungsträgerlebensdauer der fertigen Solarzelle reduzieren würden. Dies gilt in besonderer Weise auch für Eisen, dass bei der Kristallzüchtung in Bezug auf die Ladungsträgerlebensdauer besonders schädlich ist. Ein weiterer Punkt ist, dass bei der Suche nach einem geeigneten Schallleitermaterial der Anspruch erhoben wurde, dass dieses Material auch für die Züchtung von anderen Halbleitern geeignet sein muss. Insbesondere für die Züchtung von Silizium, das den größten Anteil am Photovoltaikmarkt besitzt, muss das Schallleitermaterial Temperaturen von über 1410°C aushalten, dem Schmelzpunkt von Silizium. Durch Versuche mit verschiedenen Materialien konnte eine Keramik ermittelt werden, die all diese Anforderungen erfüllt. Als weitere Schwierigkeit stellte sich die Beschaffung des Wellenleiters mit den beschriebenen Abmessungen aus dieser Keramik dar. Der kritische Faktor war hierbei die Länge von 1 m. Viele Hersteller von Keramiken haben bei der Produktion von Bauteilen Größenbeschränkungen, da alle Bauteile in den Ofen, der für den Sintervorgang der Keramik genutzt wird, passen müssen.

5.1.3 Aufbau der Ultraschalleinheit

In den beiden vorhergehenden Abschnitten wurden bereits zwei wesentliche Bauteile der Ultraschallanlage beschriebenen. Die besondere Herausforderung ist es nun, diese Komponenten zu einer funktionsfähigen Ultraschalleinheit zu kombinieren. Das Hauptaugenmerk liegt dabei auf der Verbindung des Ultraschallgebers mit dem Wellenleier. Dieses banal klingende Problem birgt einige Schwierigkeiten, für die Lösungen überlegt werden mussten. Die wichtigste Aufgabe ist es, möglichst viel Schallenergie vom Schallgeber bis zur Schmelze zu transportieren. Dies verlangt, dass mögliche Verlustquellen entdeckt und umgangen werden. Die größte Verlustquelle ist die Kontaktfläche zwischen Schallleiter und Ultraschallgeber. Es ist daher wichtig, dass das planparallel angeschliffene Ende des Schallleiter möglichst bündig auf der schallabstrahlenden Fläche des Schallgebers aufliegt.

Dazu wurde in den Werkstätten des IKZ eine Konstruktion angefertigt, die den Schallleiter mittels eines Flansches mittig auf die Fläche des Schallgebers drückt. Damit möglichst wenig Schallenergie über die Kontaktflächen zwischen Flansch und Schallleitermantelfläche verloren geht, wurde die berührende Fläche des Flansches aus Teflon gefertigt. Teflon bietet als weiches Material die Möglichkeit zum Mitschwingen. Eine starre Verbindung hingegen hätte die Schwingungen an dieser Stelle gedämpft und es würde weniger in der Schmelze ankommen. Eine weitere Herausforderung der Konstruktion war es, dass sie die in Wärme umgewandelten Schallverluste zuverlässig abführen muss. Die Piezokeramik kann bei Temperaturen über 70°C irreversibel beschädigt werden.

Kurze Temperaturspitzen sind dabei allerdings nicht so schädlich wie eine längere Einwirkung dieser Temperatur. Bei den sehr lange andauernden Kristallzuchten ist daher besondere Vorsicht geboten. Zur Lösung dieses Kühlungsproblems wurde die Konstruktion zusätzlich mit einer Wasserkühlung ausgestattet. Diese Kühlung führt nun die Verluste ab, die an der Verbindungsstelle zwischen Schallleiter und Schallgeber entstehen. Da der Durchmesser des Schallleiters deutlich kleiner als der Durchmesser der schallabstrahlenden Fläche des Schallgebers ist, wird ein großer Teil des Schalls auch direkt an das Kühlwasser abgestrahlt. Dies stellt den größten Teil der Schallverluste dar, die ebenfalls abgeführt werden. Des Weiteren kann über den Schallleiter Wärme aus der Schmelze in Richtung Ultraschalleinheit abfließen. Auch hier ist eine Ableitung der Wärme notwendig. Bei der Konstruktion der Wasserkühlung wurde die größte Aufmerksamkeit auf die Betriebssicherheit gerichtet. Unter keinen Umständen darf Wasser während des Züchtungsbetriebs aus dem Kühlkreislauf austreten.

Würde dies geschehen, so könnte das Wasser am Schallleiter entlang hinunter zur heißen Schmelze laufen, wo es verdampfen würde. Da das Verhältnis der Dichte von Wasser zu Wasserdampf etwa 1000 beträgt, würde sich das Volumen des Wassers schlagartig vertausendfachen, was zu einer Explosion des Ofens führen könnte. Die gesamte entwickelte Konstruktion ist in Abbildung 5.3 zu sehen, die hier mit der Bezeichnung Kühlmanschette gekennzeichnet ist. Es ist zu sehen, dass über ein zusätzlich angebrachtes Thermoelement die Wassertemperatur am Schallgeber überwacht werden kann. Dies bietet eine weitere Möglichkeit zur Erhöhung der Sicherheit. Die gezeigte Ultraschalleinheit kann nun an den Modellofen für Züchtungsversuche angebaut werden bzw. auch separat am Labortisch getestet werden. Die Ergebnisse dieser Tischexperimente, aus dem auch die gerade gezeigte Abbildung stammt, sind im folgenden Abschnitt beschrieben.

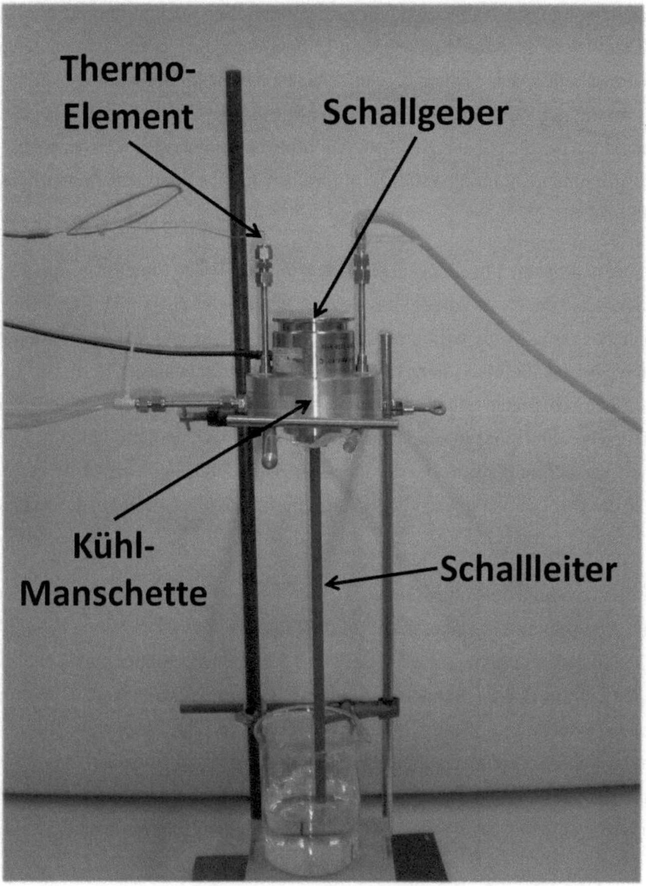

Abbildung 5.3: Ultraschalleinheit

5.2 Tischexperimente mit Wasser als Modellflüssigkeit

Bevor die Ultraschalleinheit an ihren vorbestimmten Platz an der Kristallzüchtungsanlage eingebaut wurde, wurden einige Vorversuche am Labortisch durchgeführt. Dies ist notwendig, da während der Kristallzüchtungsphase die Schmelze im verkapselten Ofenraum nicht beobachtet werden kann. Des Weiteren verhindern die hohen Temperaturen bei der Züchtung einen einfachen Test der Ultraschalleinheit. Daher wurden zunächst Tischexperimente mit Wasser als Modellflüssigkeit verwendet. Zur Sichtbarmachung der Strömung wurden Partikel aus gemahlenem Aluminiumoxid in die Flüssigkeit gegeben. Allerdings kann bei diesem Experiment von der entstehenden Strömung nicht direkt auf das Strömungsmuster in der Germaniumschmelze geschlossen werden.

Dazu müssten beide Systeme physikalisch ähnlich sein und gleiche dimensionslose Kennzahlen wie beispielsweise die Reynolds-Zahl besitzen. Dies ist allerdings nicht der Fall. Die Experimente sollen vielmehr vorexperimentellen Charakter haben und ein grundsätzliches Verständnis für den Ultraschalleinfluss liefern. Die wichtigste Aufgabe dieses Vorexperiments war es allerdings, einen geeigneten Schallleiter zu bestimmen. Dazu wurden verschiedene keramische Schallleiter beschafft und in die Ultraschalleinheit eingebaut. Abbildung 5.3 zeigt dazu den typischen Versuchsaufbau, wobei der getestete Schallleiter in diesem Bild nur eine Länge von etwa 70 cm hat. Das Wasser mit dem Aluminiumoxidpulver befindet sich in einem Becherglas.

Dieses Becherglas hat ähnliche Abmessungen wie der betrachtete Tiegel der VGF Kronos-Anlage. Der Schallleiter taucht von oben, mittig in die Flüssigkeit ein. Die Versuche wurden dabei sowohl mit unbeheiztem als auch mit beheiztem Fluid durchgeführt. Zur Beheizung wurde ein Heizelement am oberen Rand außen um das Becherglas gewickelt. Dies führte zu einem vertikalen Temperaturgradienten in der Flüssigkeit von ungefähr $\Delta T = 60$ K. Dies hat den Vorteil, dass die Temperatur der Flüssigkeit analog zum VGF Prozess beheizt wird. Der Temperaturgradient des VGF Prozesses liegt normalerweise sogar noch niedriger und hat meist nur einen Wert von etwa $\Delta T = 40$ K, was einer geringeren thermischen Konvektion entspricht.

Sowohl im beheizten als auch im unbeheizten Fall wurden alle drei zur Verfügung stehenden Frequenzen angewendet. Das Ergebnis aller Versuchsreihen sind stehende Wellen, die sich im Volumen des Becherglases ausbreiteten. Besonders deutlich wird dies am Boden des Glases, wo die stehenden Wellen ein Muster in das Aluminiumoxidpulver einprägten. Es wird deutlich, dass die Beheizung keinen Einfluss auf die Art und die Intensität der stehenden Wellen hatte. Dieses Ergebnis zeigt, dass sich das akustische Feld mit dem globalen Strömungsfeld überlagert. Abbildung 5.4 zeigt das Muster am Becherboden bei einer Frequenz von 861 kHz ohne externe Beheizung. Die Abstände zwischen zwei Wellenknoten beziehungsweise Wellenbäuchen entsprechen genau einer halben Wellenlänge. Im Beispiel der gezeigten Abbildung beträgt der Abstand:

$$\frac{\lambda}{2} = \frac{c}{2 * f} = \frac{1484\,\text{m/s}}{2 * 861\,\text{kHz}} = 1,7\,\text{mm} \tag{5.1}$$

Die Muster für die beiden anderen Frequenzen 581 kHz und 1136 kHz sehen analog aus. Dieses erste Experiment mit Wasser als Modellflüssigkeit zeigt, dass die Ultraschalleinheit für den Einbau in die Kristallzüchtungsanlage geeignet ist. Das wichtigste Ergebnis ist allerdings, dass der ausgewählte Schallleiter fähig ist, ausreichend Schall über eine 1m lange Strecke zu transportieren.

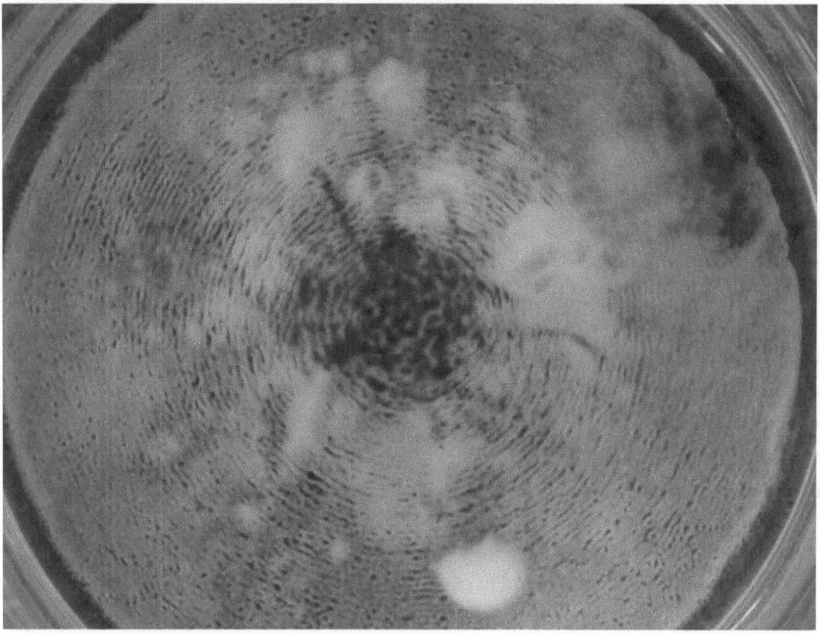

Abbildung 5.4: Stehende Welle am Boden des Glasbechers bei einer Frequenz von $f = 861$ kHz

5.3 Experimente am Modellofen mit Germanium

Die ersten Germaniumkristalle unter Ultraschalleinfluss wurden am IKZ in Berlin in einer VGF-Anlage des Modells „Kronos“ gezüchtet. Aufgrund des relativ niedrigen Schmelzpunktes von $T_m = 937°C$ und des niedrigen Dampfdruckes $p = 10^{-4}$ Pa ist Germanium sehr gut als Modellsubstanz für den VGF Prozess geeignet. Die Ergebnisse dieser Experimente können somit auf die Züchtung anderer Halbleitermaterialien im VGF Prozess übertragen werden [59]. Dies sind II-VII und III-V Halbleiter, wie zum Beispiel Galliumarsenid, aber vor allem auch das wirtschaftlich interessante Silizium.

Zur Beurteilung der Züchtungsparameter wurde dem Germanium als Dotierstoff Gallium mit der relativ hohen Dotierstoffkonzentration von $c_0 = 1x10^{18}\,cm^{-3}$ beigefügt. Durch dieses gezielte Einbringen von Fremdatomen, die sich während der Züchtung vor der Phasengrenze anreichern, kann die Effektivität und die Wirkungsweise der externen Kraftfelder überprüft werden. Für die Züchtung wurden Tiegel mit einem konischen Boden verwendet. Zur Erzielung einer besonders fehlerfreien Kristalloberfläche wurde als Tiegelmaterial Bornitrid (pBN) benutzt. Während der Züchtung wurde ein Temperaturgradient von ungefähr 1 K/cm eingestellt und es wurden Züchtungsgeschwindigkeiten im Bereich von 2-3 mm/h erreicht [59].

Das Heizer-Magnet-Modul wird mit einem Strom betrieben, der sich aus einem Gleichstromanteil und einem Wechselstromanteil zusammensetzt. Der Gleichstromanteil dient zur Beheizung des Tiegels und dient zur Kontrolle des Kristallisationsprozesses. Der Wechselstromanteil setzt sich wiederum aus zwei Strömen mit unterschiedlicher Frequenz zusammen. Diese besondere Variante des Wandermagnetfeldes nennt sich Doppelfrequenzwandermagnetfeld. Die beiden Frequenzen sind im Bereich zwischen $f = 10 - 600$ Hz frei einstellbar [59].

Zur Erzeugung des Wandermagnetfeldes (siehe dazu auch Kapitel 2.5) wird für jeden der beiden Wechselstromanteile jeweils eine Phasenverschiebung von φ=5-120° zwischen den drei Spulen eingestellt. Zusätzlich zum Wandermagnetfeld wurde die „Kronos“-Anlage mit der Ultraschalleinheit ausgestattet. Diese befindet sich außerhalb auf der Oberseite des Kessels. In Abbildung 5.5 ist die Züchtungsanlage mit Ultraschallaufsatz und Wandermagnetfeld schematisch dargestellt. Abbildung 5.6 zeigt die installierte Ultraschalleinheit auf der Oberseite des Züchtungskessels. Der Schallleiter erreicht durch ein Loch in der Wärmeisolierung die Schmelzenoberfläche.

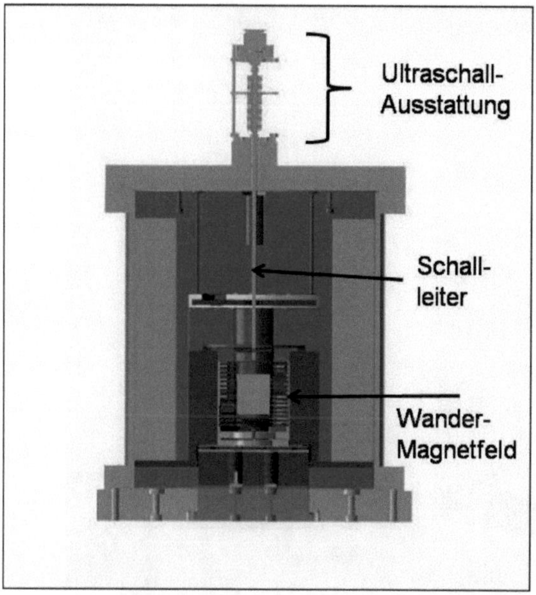

Abbildung 5.5: Schematischer Aufbau der Kronos-Anlage mit US-Aufsatz

Die Ultraschalleinheit wurde zusätzlich noch mit einer Translationseinrichtung ausgestattet. Dies ist notwendig, da der Schallleiter in der letzten Wachstumsphase des Kristalls aus der Schmelze herausgezogen werden muss, da er sonst am Kristall festfrieren würde. Da der Ofenraum mit Argon gespült wird, muss die Ultraschallzuführung gasdicht ausgeführt werden. Die beiden Anforderungen Verfahrbarkeit und Gasdichtigkeit wurden mit einem Faltschlauch aus Metall gelöst. Dieser Faltschlauch ist ebenfalls in Abbildung 5.6 im zusammengestauchten Zustand zuerkennen. Abbildung 5.7a zeigt den ersten Kristall, der aus einer Kombination aus Wandermagnetfeld und Ultraschalleinfluss gewachsen ist.

Das Doppelfrequenzwandermagnetfeld hatte in diesem Experiment eine insgesamt nach unten gerichtete Kraftkomponente. Sie ist zusammengesetzt aus einem nach unten gerichteten Kraftvektor mit der Frequenz f_1=15 Hz und einer nach oben gerichteten Lorentzkraft mit der Frequenz f_2=300 Hz. Die Ultraschalleinheit wurde mit einer Frequenz f=581 kHz betrieben [59]. Es konnte beobachtet werden, dass die Dicke der schädlichen Diffusionsgrenzschicht

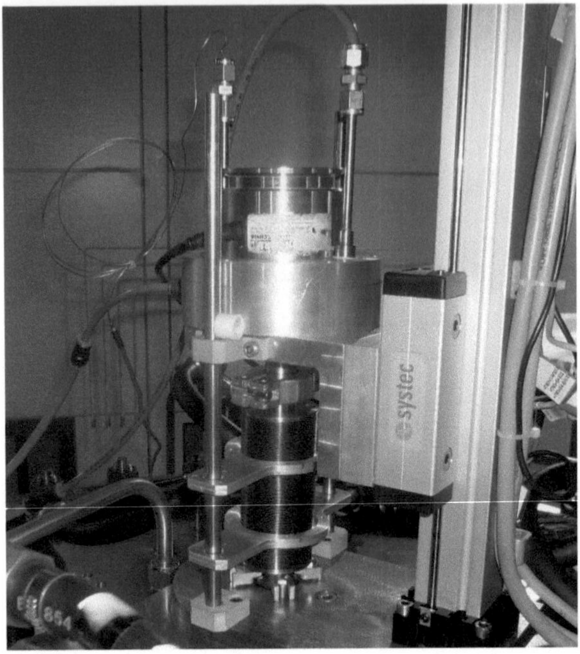

Abbildung 5.6: Entwickelter sowie angebauter US-Kopf mit Kühlung und Translationseinrichtung

reduziert werden konnte. Dies kann an Abbildung 5.8 abgelesen werden. Sie zeigt die axiale Dotierstoffverteilung entlang der Symmetrieachse des Kristalls bei Anwendung eines Wandermagnetfeldes für den Fall mit und ohne Ultraschallbehandlung.

Es zeigt sich, dass in beiden Fällen die Verteilungen sehr nahe an den Optimalzustand einer vollständigen Durchmischung herankommen. Dieser Zustand, der von Scheil formelmäßig beschrieben wurde, wurde bereits in Kapitel 2.4 dargestellt. Für den Fall der Ultraschallbeeinflussung orientiert sich der Grad der Durchmischung sogar noch stärker an der theoretisch maximal möglichen Durchmischung nach Scheil. Die Abbildungen 5.7 b-d zeigen den Einfluss des Ultraschalls auf die Mikrostruktur des Kristalls. In Abbildung 5.7 b ist die Ankeimposition zu sehen. Diese deutliche Markierung kommt dadurch zustande, dass der einkristalline Keimling erst ein wenig zurückgeschmolzen wird, bevor mit der Kristallisation begonnen werden kann. In Abbildung 5.7 c ist die Position zu dem Zeitpunkt zu erkennen, als der Ultraschall eingeschaltet wurde.

Es zeigt sich, dass ab diesem Zeitpunkt die relativ schwach vorhandenen Striations vollständig verschwinden. Auch in der folgenden Wachstumsphase des Kristalls sind keine weiteren Striations zu sehen. In Abbildung 5.7 d ist die Stelle zu dem Zeitpunkt zu sehen, an der der Ultraschall wieder ausgeschaltet wurde. Interessanterweise sind an der Position der Grenzfläche kleine Blasen beziehungsweise Ausscheidungen zu erkennen. Mittels einer EDX Analyse (Energiedispersive Röntgenspektroskopie) wurde die Zusammensetzung dieser Ausscheidungen untersucht, bei der keine fremden Elemente festgestellt werden konnten. In Abbildung 5.9 ist das Ergebnis dieser Analyse neben einer vergrößerten Aufnahme einer solchen Blase dargestellt. Diese Blasen werden offensichtlich in den Kristall eingebaut, wenn die intensive Schlichtingströmung, die durch den Ultraschall angeregt wird, an der Phasengrenze wieder aussetzt. Solange der Ultraschall wirkt, sind diese Blasen in den Knoten der stehenden Wellen gefangen und können nicht eingebaut werden.

Dieser Effekt ist sehr positiv zu beurteilen, da auf diese Weise Verunreinigungen und Zweitphasenpartikel am Einbau in den Kristall gehindert werden. Dieser interessante Effekt könnte auch auf dem Gebiet der Herstellung von Silizium für die Photovoltaikindustrie genutzt werden. In Abbildung 5.10 a ist der zweite Germaniumkristall zu sehen, der in einem überlagerten Kraftfeld bestehend aus Doppelfrequenzwandermagnetfeld und Ultraschallbeeinflussung gewachsen ist. Abbildung 5.10 b zeigt die Stelle zu dem Zeitpunkt, an der der Ultraschall eingeschaltet wurde. Wie auch bei der Züchtung des ersten Germaniumkristalls verschwinden nach dem Einschalten des Ultraschalls die vorher schwach vorhandenen Striations im Kristall.

Auch im weiteren Wachstumsverlauf tauchen diese Striations nicht wieder auf. Wird der Ultraschall wieder ausgeschaltet, so werden an der Stelle der Kristallisationsfront wieder Blasen in den Kristall eingebaut. Dieser Blaseneinbau kann in Abbildung 5.10 c gesehen werden. Selbst an der Außenseite des Kristalls ist die Position der Phasengrenze zum Zeitpunkt des Abschaltens des Ultraschalls zu erkennen. Die Phasengrenze zeigt einen wellenförmigen Verlauf entlang des Umfangs. Es ist allerdings davon auszugehen, dass dieser ungewöhnliche und auch ungeeignete Verlauf der Phasengrenze nicht auf den Einfluss des Ultraschalls zurück zuführen ist. Insgesamt werden die Ergebnisse des ersten Züchtungsversuchs durch diesen Zweiten Versuch bestätigt.

(a) Germaniumkristall

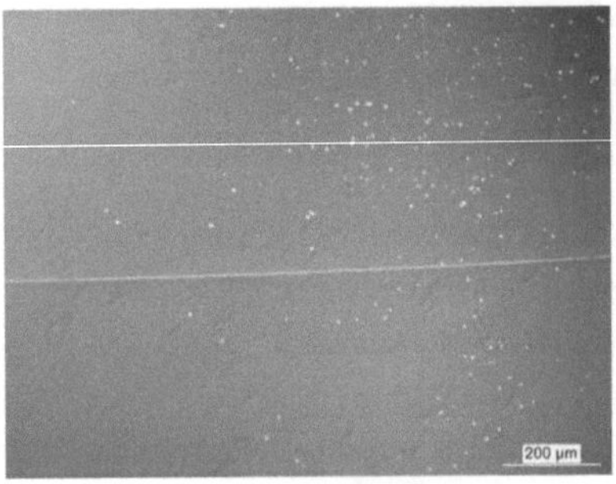

(b) Ankeimposition

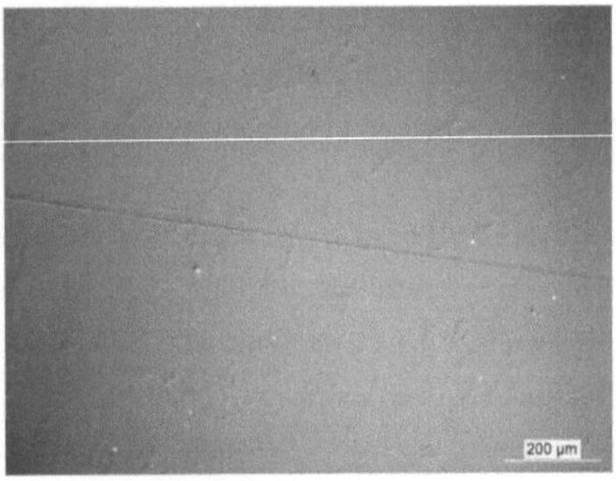

(c) Ultraschall wird eingeschaltet

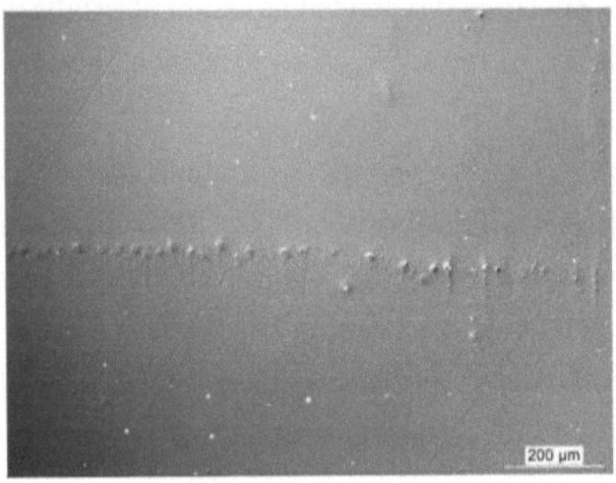

(d) Ultraschall wird ausgeschaltet

Abbildung 5.7: Erster unter Ultraschalleinfluss gewachsener Germaniumkristall

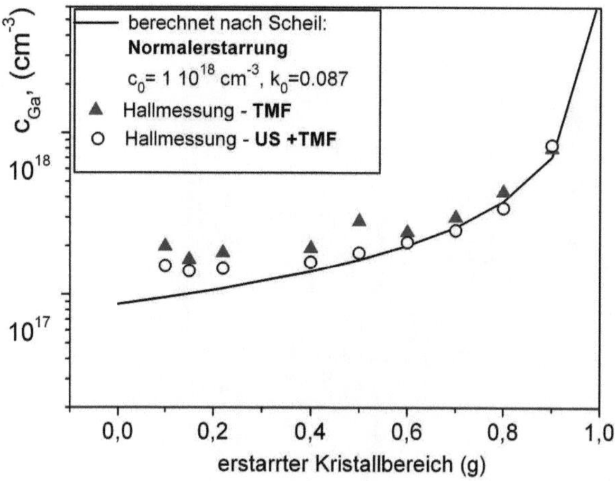

Abbildung 5.8: Vergleich der axialen Dotierstoffkonzentration, die im Heizer-Magnet-Modul mit und ohne zusätzlichen Ultraschall gezüchtet wurden (vgl. [59])

Abbildung 5.9: Vergrößerte Aufnahme einer Blase, die beim Ausschalten des Ultraschalls in den Kristall eingebaut wurde

(a) Germaniumkristall

(b) Ultraschall wird eingeschaltet

(c) Ultraschall wird ausgeschaltet

Abbildung 5.10: Zweiter unter Ultraschalleinfluss gewachsener Germaniumkristall

Es lässt sich zusammenfassen, dass der zusätzliche Einsatz von Ultraschall die Durchmischung der Schmelze erhöht, was gleichzeitig auch die morphologische Stabilität der Phasengrenze erhöht. Aufgrund der intensiven Schlichtingströmung an der Phasengrenze kommt es beim Einsetzen des Ultraschalls zu einem Verschwinden der Striations im Kristall. Beim Ausschalten des Ultraschalls wird deutlich, dass Verunreinigungen und Blasen an der Position der Phasengrenze in den Kristall eingebaut werden. Die stehenden Wellen haben diese Verunreinigungen vorher in ihren Wellenknoten gefangen und am Einbau in den Kristall gehindert. Beim Ausschalten des Ultraschalls wurden diese Verunreinigungen wieder freigegeben. Es ist daher sinnvoll, den Ultraschall möglichst während der gesamten Züchtungsphase wirken zu lassen, so dass die Verunreinigungen erst zum Schluss in einem möglichst kleinen Bereich des Kristalls eingebaut werden.

6 Numerische Untersuchung der Schmelzenbeeinflussung durch Ultraschall

Im folgenden Kapitel wird die Beeinflussung der Schmelzenströmung durch Ultraschall mittels numerischer Simulation untersucht. Dazu wird zunächst das numerische Modell vorgestellt, mit dem alle Berechnungen durchgeführt wurden. Daraufhin wird dieses Modell anhand verschiedener Szenarien bzw. Parametervariationen getestet. Die Ergebnisse dieser Berechnungen werden vorgestellt und graphisch veranschaulicht.

6.1 Vorstellung des numerischen Modells

Die numerischen Simulationen der Schmelzenbeeinflussung durch Ultraschall wurden mit den kommerziellen Softwarepaketen ANSYS und FLUENT durchgeführt. Dabei wurde die Berechnung in drei aufeinanderfolgende Schritte eingeteilt. Der erste Schritt bestand darin, das akustische Feld der gesamten Tiegelanordnung zu berechnen. Dieses besteht aus Schmelze und bereits erstarrtem Kristall, Tiegel und Umgebungsmedium. Dazu wird das Simulationsprogramm ANSYS verwendet. Im zweiten Schritt wird die Schlichtingströmung berechnet. Die Schlichtingströmung entsteht an allen fest-flüssigen Phasengrenzen mit mehr oder minderer Intensität, sobald ein akustisches Feld vorhanden ist. Diese Strömung wirkt innerhalb der Grenzschicht der globalen Strömung in der Form von langgestreckten Wirbeln.

Der dritte Schritt besteht darin, diese Schlichtingströmung als Randbedingung für eine globale Strömungsberechnung einzusetzen. Dazu wird das Simulationstool FLUENT verwendet.

Der Vorteil dieser Berechnungsmethode liegt darin, dass bei der hydrodynamischen Berechnung der Ultraschall lediglich als Randbedingung eingesetzt wird. Dadurch kann bei jeder Strömungssimulation sehr einfach der Ultraschalleinfluss gleichzeitig mit einbezogen werden. Dies ist besonders bei der Überlagerung mehrerer externer Kraftfelder interessant, wie beispielsweise elektrischer und magnetischer Felder.

6.1.1 Berechnung des akustischen Feldes

Das akustische Feld wurde mittels eines achsensymmetrischen 2D-Modells mit dem Programm ANSYS berechnet. Das numerische Modell beinhaltet die Schmelze, den Kristall, den Tiegel und das Umgebungsmedium. Als Randbedingung wurde der Druck an der Außenseite des Umgebungsmediums zu null gesetzt. An der Stelle, wo der Wellenleiter die Schmelzenoberfläche berührt, wurde eine Verschiebung (Displacement) mit harmonischer Anregung als Randbedingung vorgegeben. Das numerische Simulationsmodel der Anordnung ist in Abbildung 6.1 dargestellt. Die Amplitude der Verschiebung $\hat{x}$ wird für verschiedene Wellenleiterdurchmesser und Frequenzen immer so angepasst, dass sie einer Schalleistung P von 100 W entspricht. Die Amplitude wird für die verschiedenen Szenarien mit Formel (4.5) berechnet. An dieser Formel ist zu erkennen, dass sich bei konstanter Leistung die Amplitude sowohl umgekehrt proportional zur Frequenz als auch zum Schallleiterdurchmesser verhält.

Die zur Berechnung notwendigen Materialparameter sind die Dichte ρ und die Schallgeschwindigkeit c für den flüssigen Bereich, also für die Germaniumschmelze und das Umgebungsmedium. Für den festen Simulationsbereich müssen die Dichte ρ, der Elastizitätsmodul E, die Querdehnzahl ν und der Dämpfungskoeffizient α vorgegeben werden. Zu den festen Bereichen gehören der Tiegel und der Germaniumkristall. Die Werte für die einzelnen Größen sind in Tabelle 6.1 zusammengefasst. Mit der dissipationsfreien Wellengleichung, die bereits in Kapitel 4.3 hergeleitet wurde, kann nun das Druckfeld im flüssigen Bereich berechnet werden. In dieser Gleichung (vgl. Formel (4.48))

$$\nabla^2 p = \frac{1}{c^2}\frac{\partial^2 p}{\partial t^2} \tag{6.1}$$

Größe	Einheit	Wert
Germaniumschmelze		
Dichte ρ_{GS}	$\mathrm{kg/m^3}$	5500
Schallgeschwindigkeit c_{GS}	m/s	3716
Umgebungsmedium		
Dichte ρ_{U}	$\mathrm{kg/m^3}$	1,164
Schallgeschwindigkeit c_{U}	m/s	349
Germaniumkristall		
Dichte ρ_{GK}	$\mathrm{kg/m^3}$	5323
Elastizitätsmodul E_{GK}	GPa	90,24
Querdehnzahl ν_{GK}	-	0,2516
Dämpfungskoeffizient $\beta_{\mathrm{c,GK}}$	-	1×10^{-12}
Bornitridtiegel		
Dichte ρ_{T}	$\mathrm{kg/m^3}$	2200
Elastizitätsmodul E_{T}	GPa	72,73
Querdehnzahl ν_{T}	-	0,1688
Dämpfungskoeffizient $\beta_{\mathrm{c,T}}$	-	1×10^{-12}

Tabelle 6.1: Materialparameter von Germaniumschmelze und -kristall, Bornitridtiegel und Umgebungsmedium

steckt neben dem Druck p auch die Zeit t. Die Verschiebung $\hat{x}$ in den festen Bereichen, also Tiegel und Kristall, wird mit der Bewegungsgleichung berechnet, die bereits in Abschnitt (4.49) beschrieben wurde.

$$\mathbf{M}\ddot{x} + \mathbf{C}\dot{x} + \mathbf{K}x = \mathbf{F}^{\mathrm{a}} \tag{6.2}$$

In dieser Formel ist **M** die Massenmatrix, **C** die Dämpfungsmatrix, **K** die Steifigkeitsmatrix und $\mathbf{F}^{\mathrm{a}}$ der Kraftvektor der anliegenden Ultraschallanregung. $\dot{x}$ beschreibt eine Geschwindigkeit und $\ddot{x}$ die Beschleunigung. Beide Gleichungen (6.1) und (6.2) sind in der Weise miteinander verkoppelt, dass an der fest-flüssigen Phasengrenze der Druck in eine Verschiebung und die Verschiebung in einen Druck umgerechnet wird. Auf diese Weise kann das akustische Feld für das gesamte Tiegelsystem berechnet werden.

6.1.2 Berechnung der Schlichtingströmung

Im zweiten Schritt der Berechnung des Ultraschalleinflusses wird die Schlichtingströmung **U** an der Kristallisationsfront berechnet. Die Schlichtingströmung **U** wird aus der akustischen

Abbildung 6.1: Rotationssymmetrisches, numerisches 2D-Model der Simulationsanordnung. Die Ultraschalleinspeisung geschieht an der Stelle unterhalb des Doppelpfeiles

Geschwindigkeit $\mathbf{v}_A$ ermittelt, die bereits in Kapitel 6.1.1 bestimmt wurde. Die Gleichung der Schlichtingströmung

$$\mathbf{U} = -\frac{1}{2\omega}\left\{\frac{1}{2}(\mathbf{v}_A\nabla)\mathbf{v}_A + \mathbf{v}_A(\nabla\mathbf{v}_A) + \frac{3}{2}(\mathbf{v}_A\nabla\varphi)\mathbf{v}_A\right\} \tag{6.3}$$

wurde bereits in Kapitel 4.2.2 gezeigt, siehe Formel (4.27) [38]. Sie wurde dabei auf eine zwei- bzw. eindimensionale Anordnung vereinfacht:

$$U_x = -\frac{3}{4\omega}\left\{v_{A,x}\frac{\partial v_{A,x}}{\partial x} + v_{A,x}^2\frac{\partial\varphi}{\partial x}\right\} \tag{6.4}$$

6.1.3 Berechnung der globalen Strömung

Im dritten Schritt der Berechnung des Ultraschalleinflusses wird eine Simulation des globalen Strömungsfeldes durchgeführt. Dazu wird die berechnete Schlichtingströmung als Geschwindigkeitsrandbedingung an der Kristallisationsfront eingesetzt. An den anderen fest-flüssigen Phasengrenzen, also den Grenzen zwischen Tiegel und Schmelze, wird die Geschwindigkeit zu null als Randbedingung festgelegt. Diese Randbedingung wird auch als „no-slip“ Randbedingung bezeichnet. Als weitere Randbedingung wird die Temperaturverteilung in der Germaniumschmelze benötigt. Diese Verteilung, die in Abbildung 6.2 zu sehen ist, wurde vom Institut für Kristallzüchtung (IKZ) in Berlin berechnet und für weiterführende Simulationen zur Verfügung gestellt. Die resultierende Schmelzenströmung wurde mit dem Softwareprogramm FLUENT berechnet.

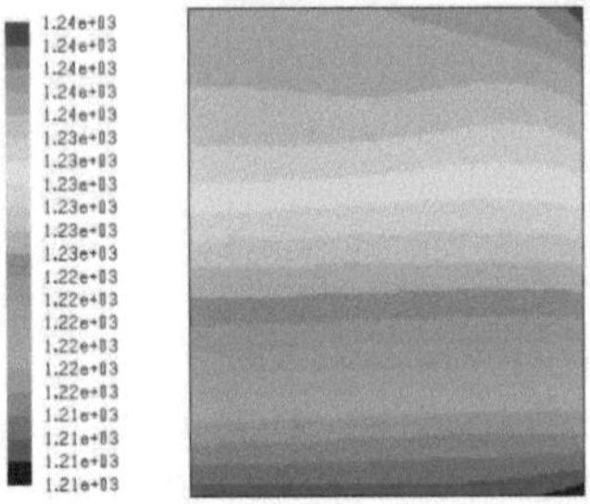

Abbildung 6.2: Temperaturverteilung in der Germaniumschmelze in K

6.2 Ergebnisse der Simulation

In diesem Abschnitt werden die Ergebnisse für verschiedene Szenarien der Schmelzenbeeinflussung durch Ultraschall dargestellt. Im ersten Beispiel wird der Einfluss variierender Ultraschallfrequenzen analysiert. Dabei bleiben der Schallleiterdurchmesser und alle anderen geometrischen Abmessungen unverändert. Anhand einer zweiten Berechnungsreihe wird der Einfluss verschiedener Schallleiterdurchmesser untersucht. Hierbei bleibt wiederum die Ultraschallfrequenz konstant. In einem dritten Beispiel wird der Einfluss für ringförmige Schallleiter mit verschiedenen Kombinationen aus Frequenz und Schallleiterinnen- und außendurchmesser berechnet. Abschließend wird dann noch untersucht, welchen Einfluss die Überlagerung des Ultraschallfeldes mit einem Wandermagnetfeld hat.

6.2.1 Ergebnisse für unterschiedliche Frequenzen

In diesem Abschnitt werden die Ergebnisse der numerischen Ultraschallberechnung für verschiedene Frequenzen analysiert. Dabei soll die Schallleistung, die dem Schmelzensystem zugeführt wird, konstant 100 W betragen. Wie an Gleichung (4.5) zu sehen ist, ist die Verschiebung bzw. die Ultraschallamplitude $\hat{x}$ umgekehrt proportional zur Frequenz f. Soll nun die Ultraschallleistung P konstant bleiben, so muss das Produkt aus $\hat{x}$ und f konstant bleiben. Die verwendeten Frequenzen mit den zugehörigen Amplituden können in Tabelle 6.2 nachgelesen werden. Die Abbildung 6.3 zeigt das akustische Feld für die drei verfügbaren Frequenzen für das gesamte Tiegelsystem. Auf den linken drei Bildern ist die Druckverteilung in den flüssigen Bereichen und auf den rechten Bildern die Verschiebung in den festen Bereichen abgebildet.

Frequenz	Amplitude
581 kHz	$9,6710^{-8}$ m
861 kHz	$6,5210^{-8}$ m
1136 kHz	$4,9510^{-8}$ m

Tabelle 6.2: Berechnete Amplituden für drei verschiedene Frequenzen nach Formel (4.5) für eine Schallleistung von 100 W und einen Schallleiterdurchmesser 10 mm

Es wird deutlich, dass sich stehende Wellen mit Wellenbäuchen und -knoten ausbilden. Die Abstände zweier Knoten betragen eine halbe Wellenlänge. Dadurch werden die sichtbaren Strukturen mit zunehmender Frequenz kleiner. Insbesondere auf der Symmetrieachse unterhalb des Wellenleiters sind die Amplituden von Druck und Verschiebung maximal. Es sind auch Überlagerungen der Wellen sichtbar, die aufgrund verschiedener Interferenzeffekte zustande kommen. Besonders deutlich wird dies im festen Teil des Tiegelsystems bei den Verschiebungen. Im Gegensatz zu den Druckwellen gibt es hier zwei Ausbreitungsrichtungen der Wellen in longitudinale und transversale Richtung.

Kristall und Tiegel zeigen daher andere Abstände zwischen zwei benachbarten Knoten als dies im flüssigen Druckbereich der Fall ist. Die Schallgeschwindigkeit von longitudinalen Druckwellen in der Germaniumschmelze beträgt $c_{\mathrm{GS}} = 3716\mathrm{m/s}$. Im Kristallbereich liegt die longitudinale Schallgeschwindigkeit bei $c_{\mathrm{l,GK}} = 4517\mathrm{m/s}$ und die transversale bei $c_{\mathrm{t,GK}} = 2602\mathrm{m/s}$. Da der feste und der flüssige Bereich, wie bereits erwähnt, miteinander verkoppelt sind, kommt es zu sehr vielen Überlagerungen, die alle unterschiedliche Abstände zwischen zwei Wellenknoten zulassen.

Aus dem Schallfeld wird nun die Schlichtingströmung berechnet. Die Schlichtingströmung entlang der Kristallisationsfront ist in Abbildung 6.4 dargestellt. Mit zunehmender Frequenz sinkt die Amplitude der Geschwindigkeit. Bei $f = 581\mathrm{kHz}$ ist daher die höchste

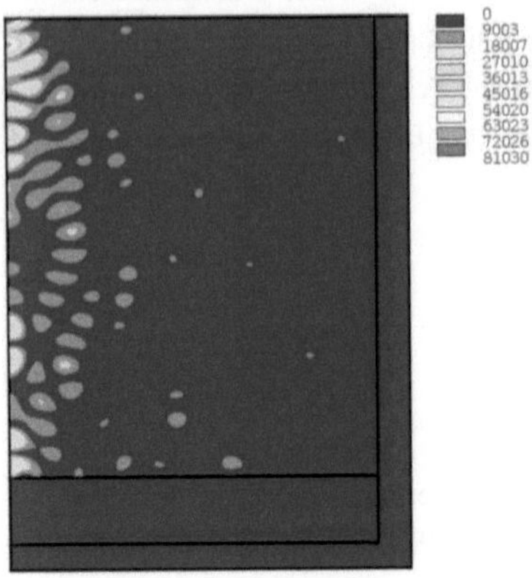

(a) Schalldruck P in Pa bei einer Freqeunz von f =581 kHz

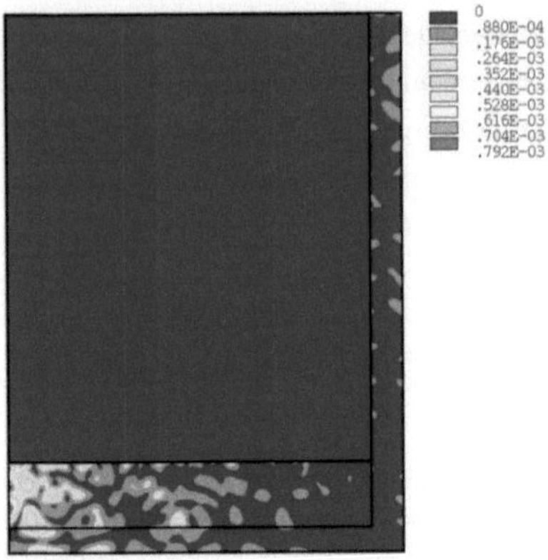

(b) Displacement x in mm bei einer Frequenz von f =581 kHz

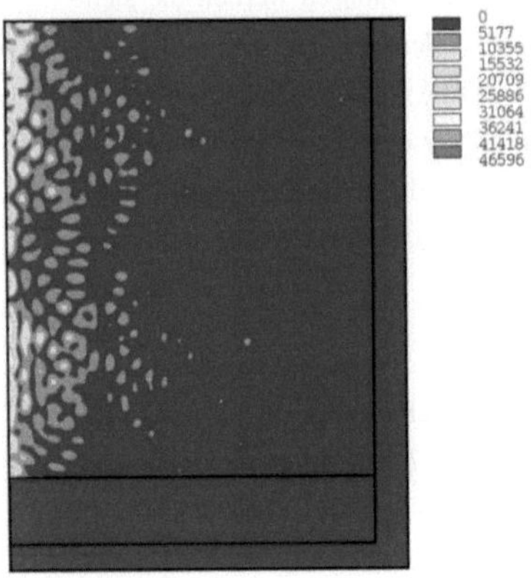

(c) Schalldruck P in Pa bei einer Frequenz von f =861 kHz

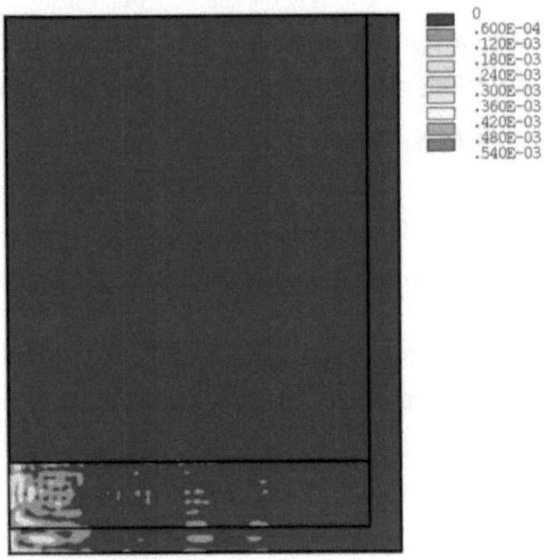

(d) Displacement x in mm bei einer Frequenz von f =861 kHz

Abbildung 6.3: Fortsetzung siehe nächste Seite

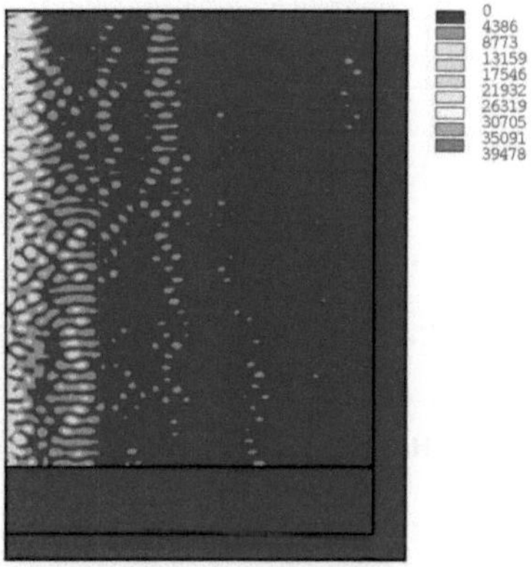

(e) Schalldruck P in Pa bei einer Frequenz von f =1136 kHz

(f) Displacement x in mm bei einer Frequenz von f =1136 kHz

Abbildung 6.3: Simuliertes Schallfeld bei unterschiedlichen Frequenzen f

Geschwindigkeit zu sehen. Um die Diffusionsgrenzschicht so stark wie möglich zu beeinflussen, ist eine hohe Geschwindigkeitsamplitude von Vorteil. Auf der anderen Seite nimmt die Anzahl der Geschwindigkeits-Vorzeichenwechsel mit zunehmender Frequenz zu. Je mehr Geschwindigkeits-Vorzeichenwechsel an der Phasengrenze vorliegen, desto mehr Strömungswirbel entstehen dort auch. Dieser Sachverhalt kann so erklärt werden, dass mit zunehmender Frequenz die Wellenlänge kleiner wird. Bei einer kleineren Wellenlänge passen aber nun auch mehr stehende Wellen nebeneinander, was zu der beschriebenen Steigerung der Anzahl an Strömungswirbeln führt. Aufgrund dieser beiden gegensätzlichen Effekte sind weitere Untersuchungen notwendig, insbesondere von der globalen Schmelzenströmung.

Im dritten Schritt der Analyse wird eine globale Strömungssimulation durchgeführt. Für hydrodynamische Berechnungen wird für gewöhnlich an allen fest-flüssigen Phasengrenzen eine „no slip"-Randbedingung gesetzt. Durch die Ultraschallbehandlung werden, aufgrund der Schlichtingströmung, Strömungswirbel an der Phasengrenze erzeugt. Diese Wirbel haben etwa eine Dicke von $1\,\mu$m und sind damit deutlich kleiner als die Dicke der hydrodynamischen Grenzschicht. Aus Sicht der hydrodynamischen Strömung verhält sich die Strömung quasi wie eine bewegte Wand. Daher kann die Schlichtinggeschwindigkeit $\mathbf{U}$ als Geschwindigkeitsrandbedingung gesetzt werden.

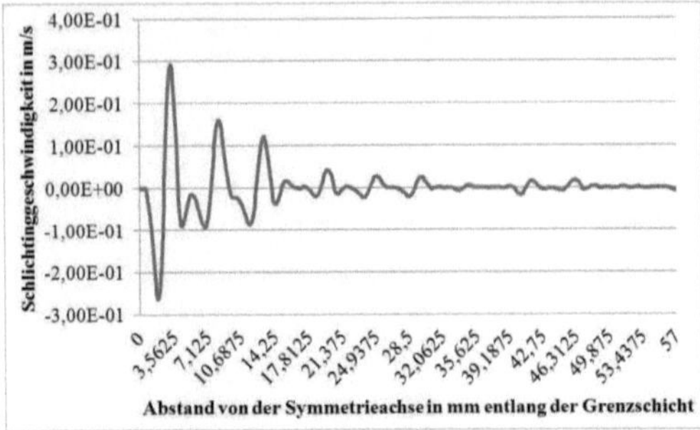

(a) Schlichtinggeschwindigkeit bei f =581 kHz

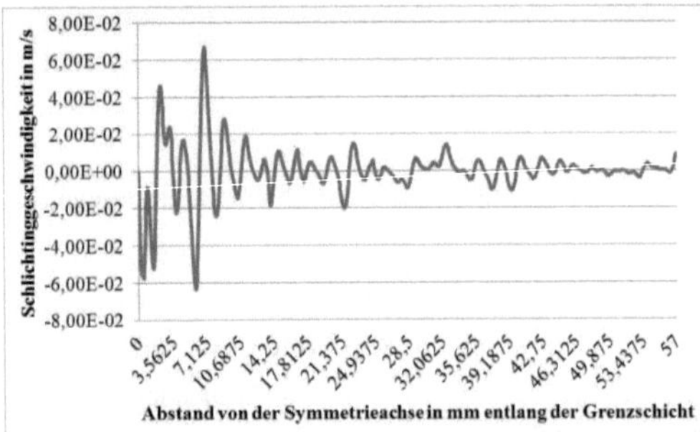

(b) Schlichtinggeschwindigkeit bei f =861 kHz

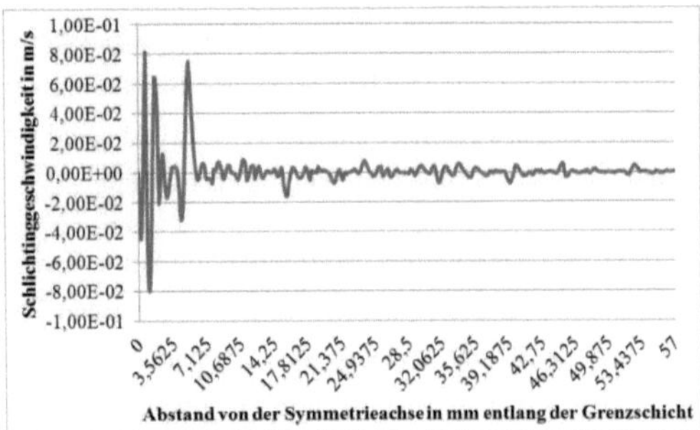

(c) Schlichtinggeschwindigkeit bei f =1136 kHz

Abbildung 6.4: Schlichtingströmung entlang der Grenzschicht bei unterschiedlichen Frequenzen f

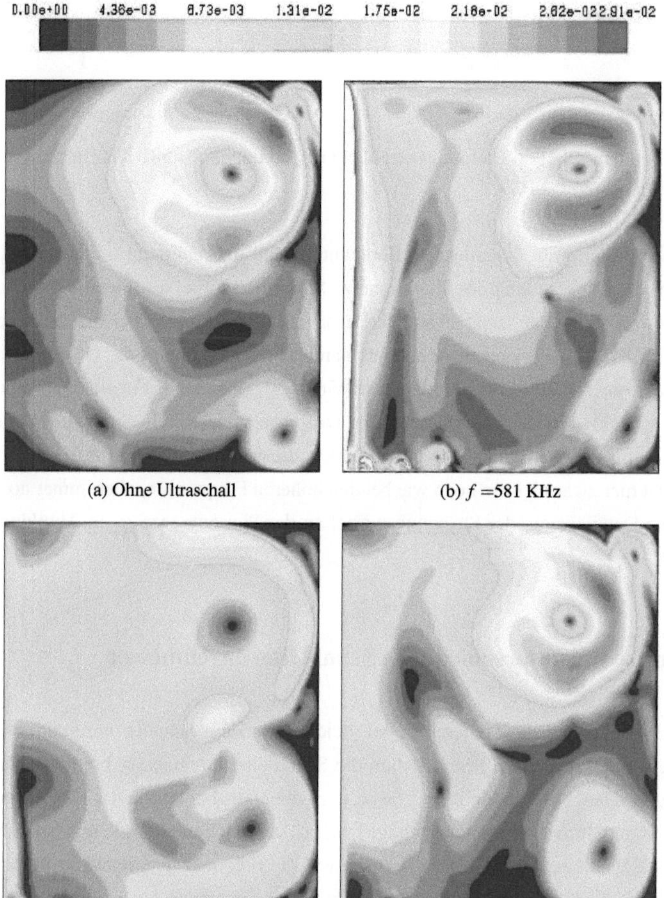

(a) Ohne Ultraschall

(b) f =581 KHz

(c) f =861 kHz

(d) f =1136 kHz

Abbildung 6.5: Simulierte, globale Schmelzenströmung bei unterschiedlichen Frequenzen in m/s

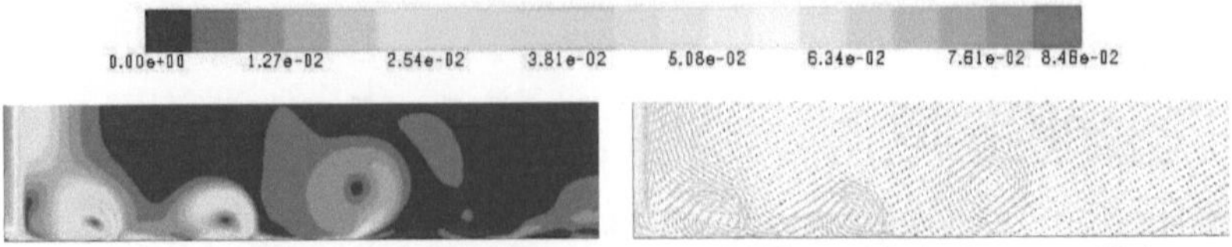

(a) Konturansicht der Strömungswirbel

(b) Vektoransicht der Strömungswirbel

Abbildung 6.6: Detailansicht der Strömungswirbel bei der Frequenz f =581 KHz in m/s (vgl. Abbildung 6.5 (b))

Die Ergebnisse dieser hydrodynamischen Berechnung sind in Abbildung 6.5 dargestellt. Es wird deutlich, dass sich entlang der Phasengrenze Strömungswirbel ausbilden. Diese haben, abhängig von der Frequenz, unterschiedliche Größen. Die größten Wirbel sind bei einer Frequenz von $f=$ 581kHz zu erkennen. Mit zunehmender Frequenz nimmt die Größe dieser Wirbel ab, so dass bei $f=$ 1136kHz die kleinsten Wirbel zu sehen sind. Für den Fall einer Frequenz von $f=$ 581kHz ist die Beeinflussung der Diffusionsgrenzschicht optimal. Dies ist mit der hohen Geschwindigkeitsamplitude zu begründen, die an den Wirbeln anliegt. Die Anzahl der Wirbel ist hier zwar nicht so hoch wie bei den höheren Frequenzen, aber immer noch hoch genug. Eine Detailansicht der Strömungswirbel an der Phasengrenze ist in Abbildung 6.6 gegeben [60].

6.2.2 Ergebnisse für unterschiedliche Schallleiterdurchmesser

Nachdem im ersten Beispiel die Frequenzen bei gleichbleibendem Schallleiterdurchmesser variiert wurden, werden in diesem Szenario nun die Schallleiterdurchmesser bei konstanter Frequenz verändert. Die Ultraschallleistung P wird dazu ebenfalls bei konstant 100 W eingestellt. Die eingesetzte Ultraschallfrequenz beträgt 1 MHz. An Gleichung (4.5) kann abgelesen werden, dass der Schallleiterdurchmesser d, ebenso wie die Frequenz f, umgekehrt proportional zur Amplitude $\hat{x}$ ist. Die verschiedenen Amplituden zu den eingesetzten Durchmessern können Tabelle 6.3 entnommen werden. In Abbildung 6.7 sind die Ergebnisse der akustischen Berechnung zusammengestellt. Es wird deutlich, dass mit zunehmendem Schallleiterdurchmesser die Maximalwerte von Verschiebung und Druck abnehmen. Des Weiteren werden die Strukturen deutlicher, das heißt, dass die Grenzen zwischen Minima und Maxima stärker hervortreten.

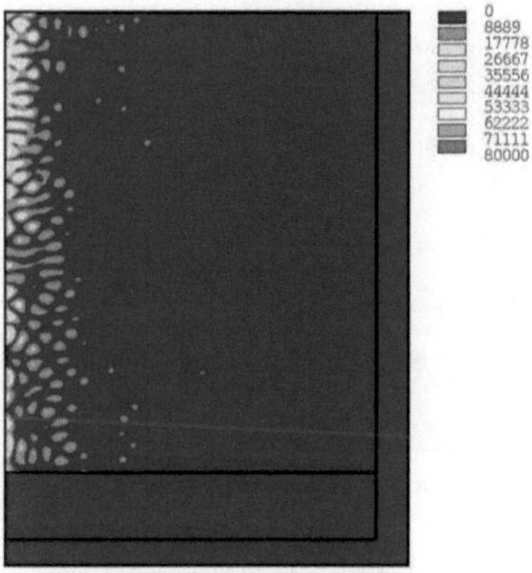

(a) Schalldruck P in Pa bei einem Durchmesser von $d = 10$ mm

(b) Displacement x in mm bei einem Durchmesser von $d = 10$ mm

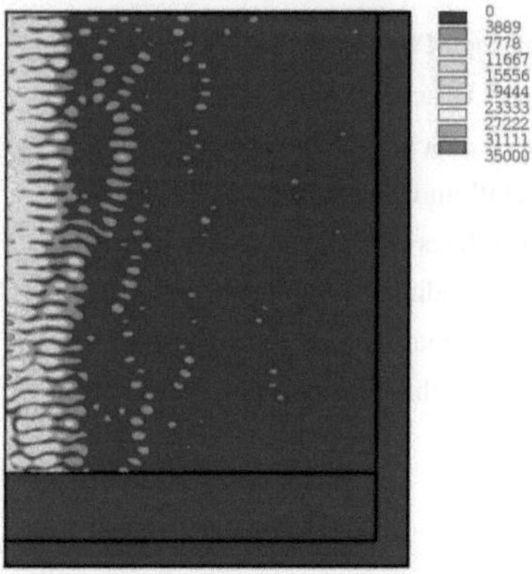

(c) Schalldruck P in Pa bei einem Durchmesser von $d = 20$ mm

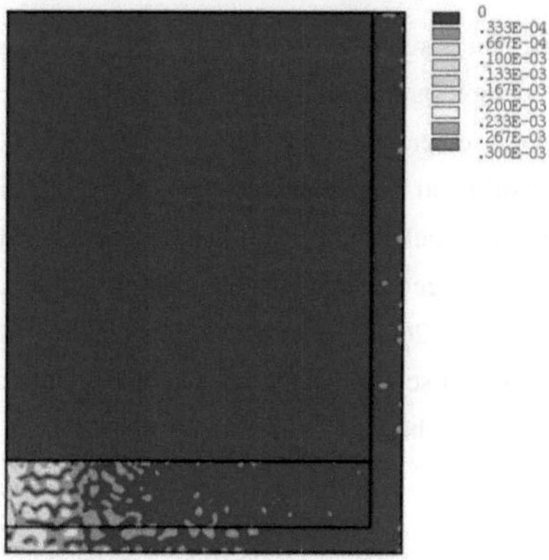

(d) Displacement x in mm bei einem Durchmesser von $d = 20$ mm

Abbildung 6.7: Fortsetzung siehe nächste Seite

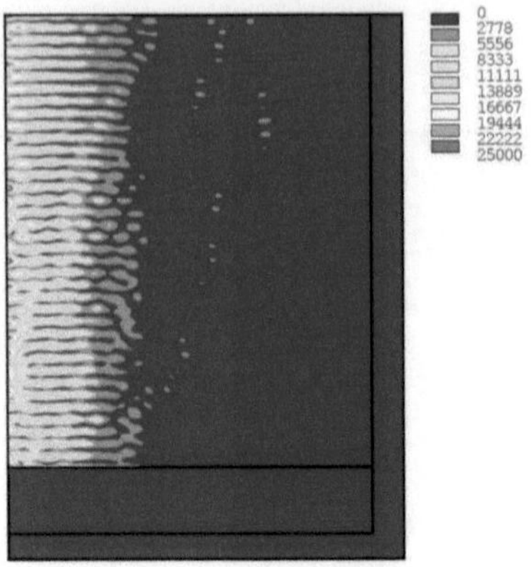

(e) Schalldruck P in Pa bei einem Durchmesser von d =40 mm

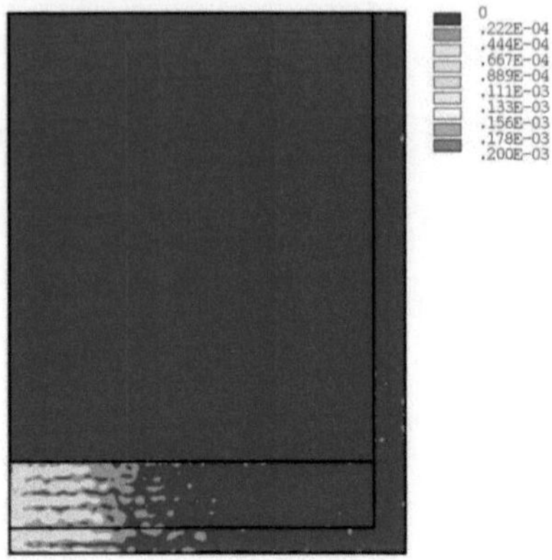

(f) Displacement x in mm bei einem Durchmesser von d =40 mm

Abbildung 6.7: Simuliertes Schallfeld bei unterschiedlichen Schallleiterdurchmessern d

Im vertikalen Bereich zwischen Schallleiter und fest-flüssiger Phasengrenzen scheinen sich die Werte zu homogenisieren. Der Abstand zwischen zwei Druckmaxima beträgt ungefähr 1,86 mm, was einer halben Wellenlänge entspricht. Für die Schallgeschwindigkeit in der Schmelze wurde ein Wert von 3716 m/s angesetzt. In Kristall und Tiegel breiten sich sowohl longitudinale als auch transversale Verschiebungswellen aus. Dies führt dazu, dass es deutlich mehr Überlagerungen als im flüssigen Bereich gibt. Die longitudinale Schallgeschwindigkeit im Kristall beträgt 2602 m/s und die transversale 4517 m/s. Genau wie im flüssigen Bereich des Tiegelsystems scheint sich auch im festen Bereich mit zunehmendem Schallleiterdurchmesser das akustische Feld zu homogenisieren.

Durchmesser	Amplitude
10 mm	$5,6210^{-8}$ m
20 mm	$2,8110^{-8}$ m
40 mm	$1,4010^{-8}$ m

Tabelle 6.3: Berechnete Amplituden für drei verschiedene Schallleiterdurchmesser nach Formel (4.5) für eine Schalleistung von 100 W und eine Frequenz von f= 1MHz

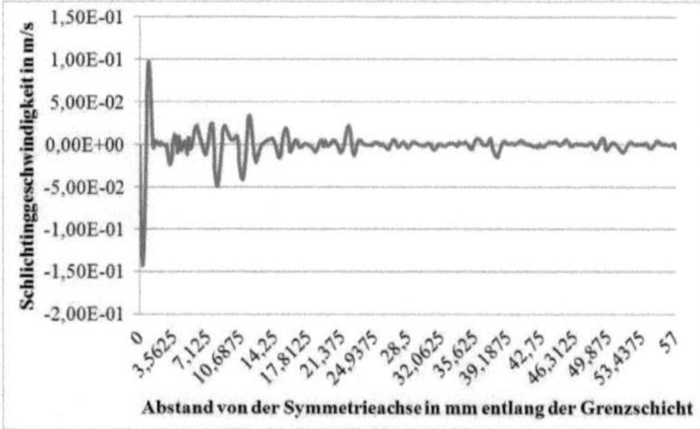

(a) Schlichtinggeschwindigkeit bei $d = 10$ mm

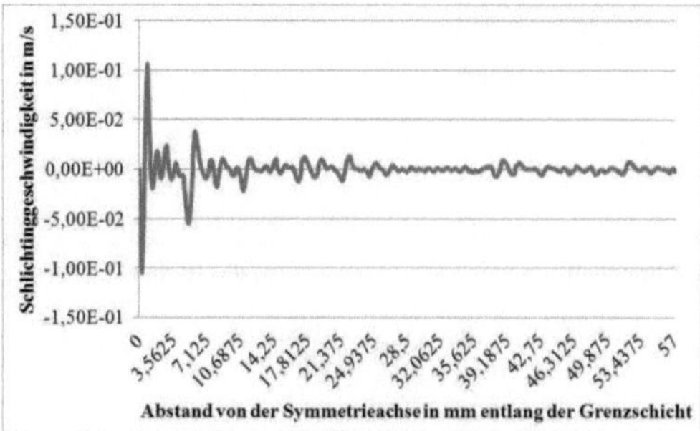

(b) Schlichtinggeschwindigkeit bei $d = 20$ mm

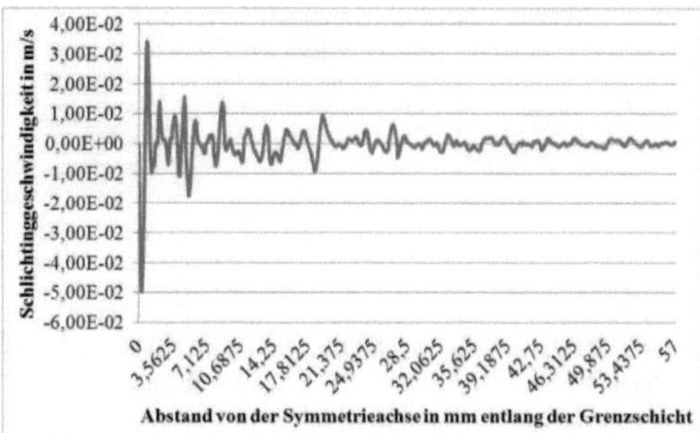

(c) Schlichtinggeschwindigkeit bei $d = 40$ mm

Abbildung 6.8: Schlichtingströmung entlang der Grenzschicht bei unterschiedlichen Durchmessern

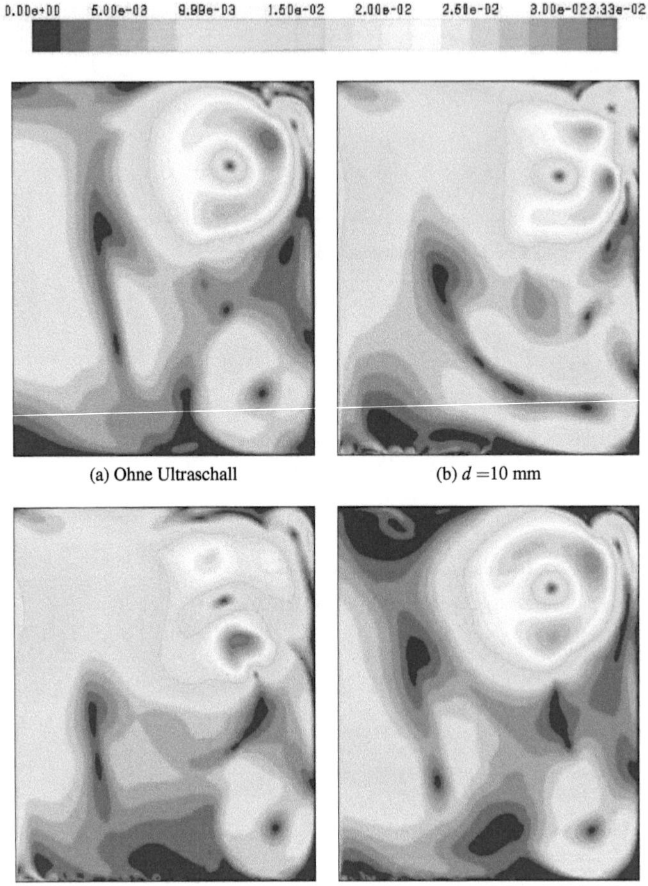

(a) Ohne Ultraschall

(b) d =10 mm

(c) d =20 mm

(d) d =40 mm

Abbildung 6.9: Simulierte, globale Schmelzenströmung bei unterschiedlichen Schallleiter-durchmessern in m/s

Mit den Ergebnissen der akustischen Berechnung wird nun analog zu Kapitel 6.2.1 die Schlichtingströmung berechnet. Der Verlauf der Schlichtingströmung entlang der Wachstums-Phasengrenze ist in Abbildung 6.8 für alle drei Schallleiterdurchmesser dargestellt. Im nächsten Schritt wird nun abermals eine Simulation des globalen Strömungsfeldes durchgeführt. Die Ergebnisse dieser hydrodynamischen Berechnung sind in Abbildung 6.9 dargestellt [61]. Es lässt sich festhalten, dass sich mit zunehmendem Wellenleiterdurchmesser die Schallfeldgrößen an der Phasengrenze homogenisieren. Dies ist sowohl beim Schalldruck als auch bei der Schlichtinggeschwindigkeit zu beobachten.

6.2.3 Ergebnisse für ringförmige Schallleiter

Im Vergleich zu den beiden vorhergehenden Abschnitten, in denen zylinderförmige Schallleiter eingesetzt wurden, sollen nun ringförmige Schallleiter zum Einsatz kommen. Diese Art der Schallzuführung hat den Vorteil, dass sich der Schall in der Schmelze stärker überlagern kann. Es bilden sich somit mehr Interferenzen, als wenn der Schall nur von einer punktförmigen Quelle ausgeht. Dies ist sehr nützlich, da auf diese Weise eine konstantere Durchmischung der Phasengrenze erzielt werden kann. Die eingesetzte Schallleistung beträgt auch in diesem Beispiel konstant 100 W, so dass die Amplitude an die Stempelgeometrie angepasst werden muss. Wie an Gleichung (4.5) gesehen werden kann, ist die Verschiebung umgekehrt proportional zur Wurzel der Schallleiterfläche.

In Tabelle 6.4 sind die 6 untersuchten Kombinationen aus Frequenz und Schallleiterinnen- und außendurchmesser aufgelistet. Daneben finden sich die zugehörigen Amplituden. Die Ergebnisse der akustischen Berechnung sind in Abbildung 6.10 dargestellt. Es wurden dabei die Abbildungen der Druck- und der Verschiebungsanteile in einem Bild zusammengefasst. Im zweiten Schritt wurde wieder die Schlichtingströmung berechnet, die in den beiden Abbildungen 6.11 und 6.12 zu sehen sind. Es lässt sich feststellen, dass mit zunehmender Frequenz die Amplitude der Geschwindigkeit entlang der Grenzschicht abnimmt.

Dieses Ergebnis wurde schon in Abschnitt 6.2.1 festgehalten. Des Weiteren ist die Geschwindigkeitsamplitude beim breiteren der beiden Ringleiterquerschnitte insgesamt niedriger. Dafür ist die Geschwindigkeit allerdings homogener über die Phasengrenze verteilt. Der dritte Schritt bestand wieder aus der Ermittlung des globalen Strömungsbildes. Die Ergebnisse dieser hydrodynamischen Berechnung sind in Abbildung 6.13 und 6.14 dargestellt. Es lässt

Nr.	Frequenz	∅ Innen	∅ Außen	Amplitude
1	581 kHz	20 mm	30 mm	$4,32 * 10^{-8}$ m
2	581 kHz	30 mm	40 mm	$3,65 * 10^{-8}$ m
3	861 kHz	20 mm	30 mm	$2,92 * 10^{-8}$ m
4	861 kHz	30 mm	40 mm	$2,47 * 10^{-8}$ m
5	1136 kHz	20 mm	30 mm	$2,21 * 10^{-8}$ m
6	1136 kHz	30 mm	40 mm	$1,86 * 10^{-8}$ m

Tabelle 6.4: Berechnete Amplituden nach Formel (4.5) für eine Schallleistung von 100 W für sechs verschiedene Kombinationen aus Schallleiterinnen- und außendurchmesser und Frequenz

sich zusammenfassend festhalten, dass die Schallfeldgrößen beim Schallwellenleiter mit dem Außendurchmesser d_A =40 mm am homogensten über die Phasengrenze verteilt sind. Des Weiteren nimmt die Geschwindigkeitsamplitude mit zunehmender Frequenz ab. Optimal, aus diesen sechs Möglichkeiten, ist die Anordnung mit einer Frequenz von f= 581kHz und einem Außendurchmesser von d_A =40 mm.

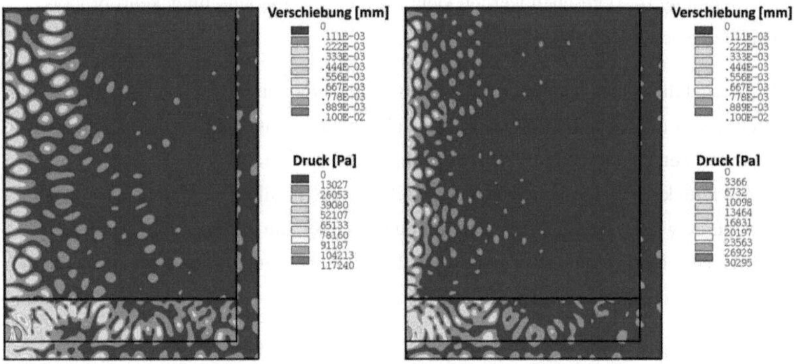

(a) Schallfeld bei f = 581 kHz, d_I =20 mm und d_A =30 mm

(b) Schallfeld bei f = 581 kHz, d_I =30 mm und d_A =40 mm

Abbildung 6.10: Fortsetzung siehe nächste Seite

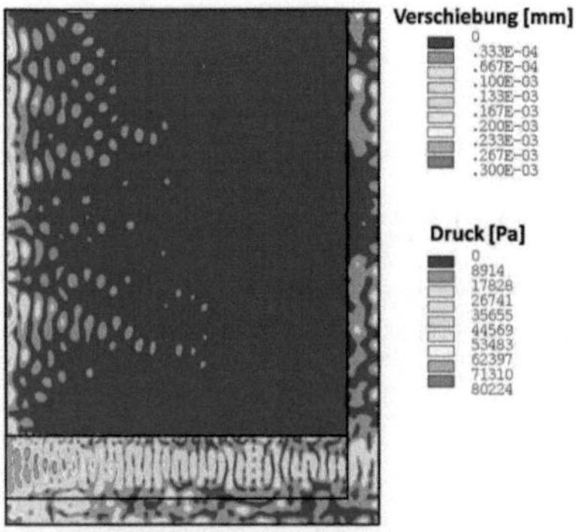

(c) Schallfeld bei f = 861 kHz, d_{I} =20 mm und d_{A} =30 mm

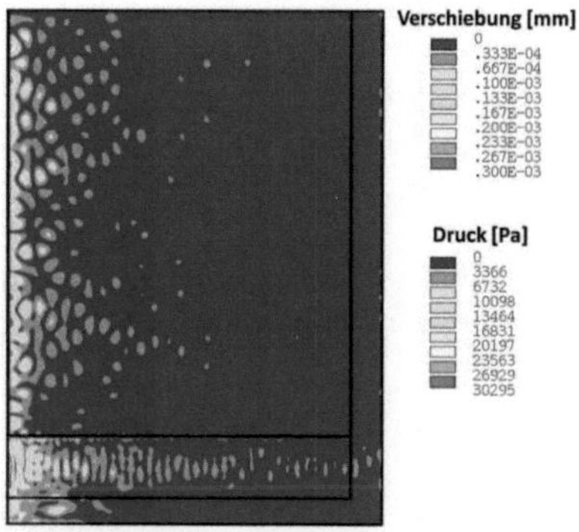

(d) Schallfeld bei f = 861 kHz, d_{I} =30 mm und d_{A} =40 mm

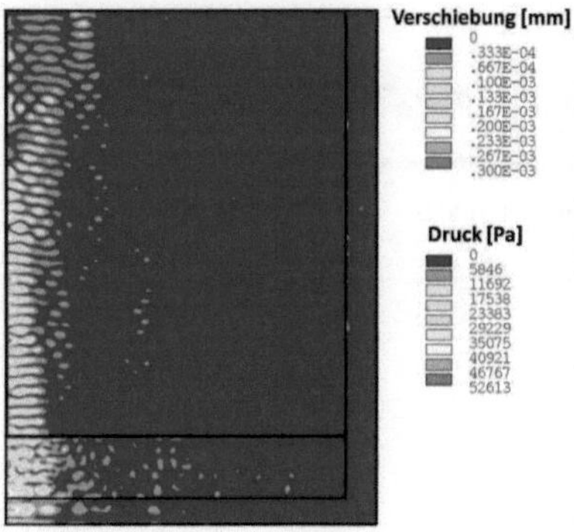

(e) Schallfeld bei f = 1136 kHz, d_{I} =20 mm und d_{A} =30 mm

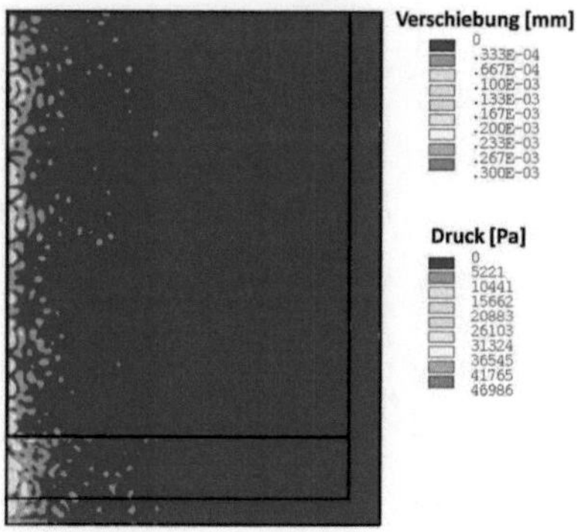

(f) Schallfeld bei f = 1136 kHz, d_{I} =30 mm und d_{A} =40 mm

Abbildung 6.10: Simuliertes Schallfeld bei unterschiedlichen Frequenzen f, Ringinnendurchmessern d_{I} und Ringaußendurchmessern d_{A}. Der Schalldruck P ist im flüssigen Bereich in Pa und die Verschiebung x im festen Bereich in mm angegeben.

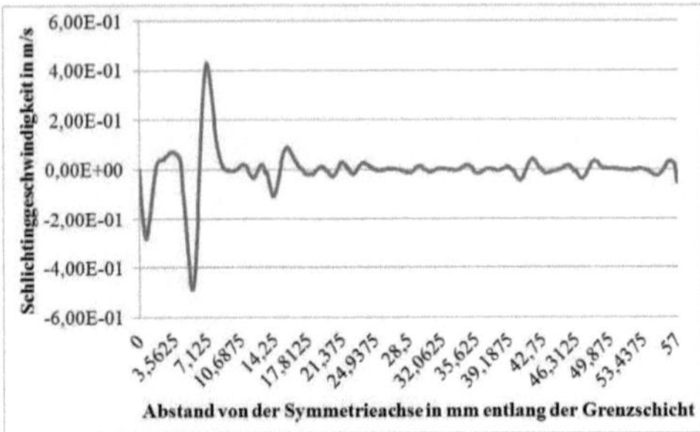

(a) Schlichtinggeschwindigkeit bei f =581 kHz

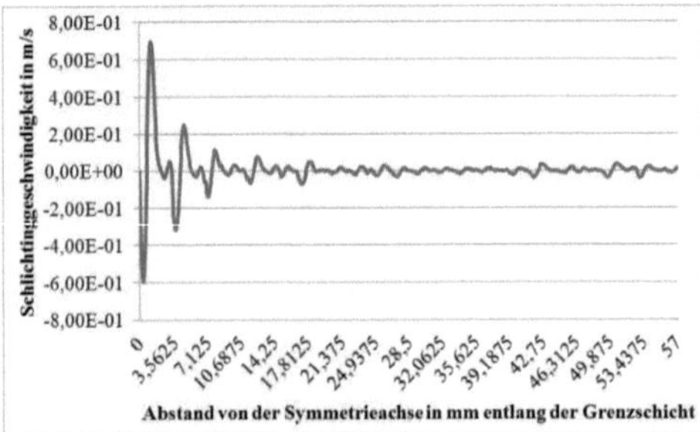

(b) Schlichtinggeschwindigkeit bei f =861 kHz

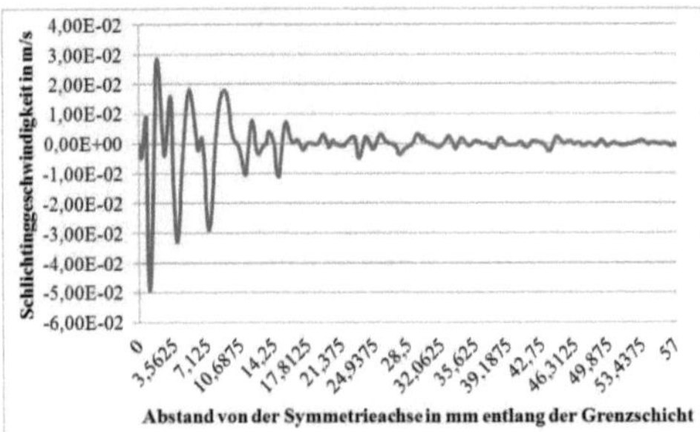

(c) Schlichtinggeschwindigkeit bei f =1136 kHz

Abbildung 6.11: Schlichtingströmung entlang der Grenzschicht bei unterschiedlichen Frequenzen und einem Ringinnendurchmesser von d_I =20 mm und einem Außendurchmesser d_A =30 mm

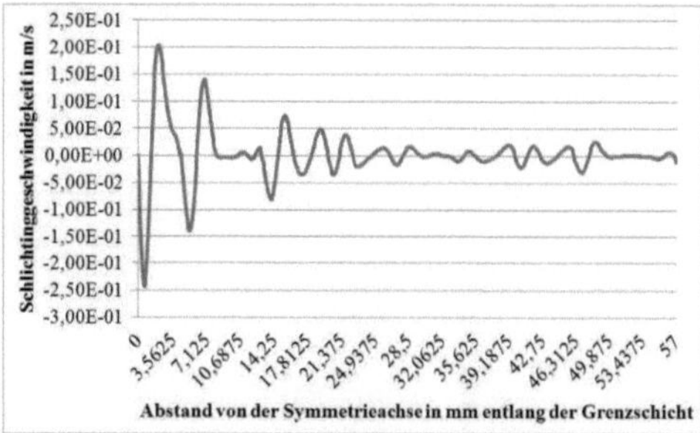

(a) Schlichtinggeschwindigkeit bei f =581 kHz

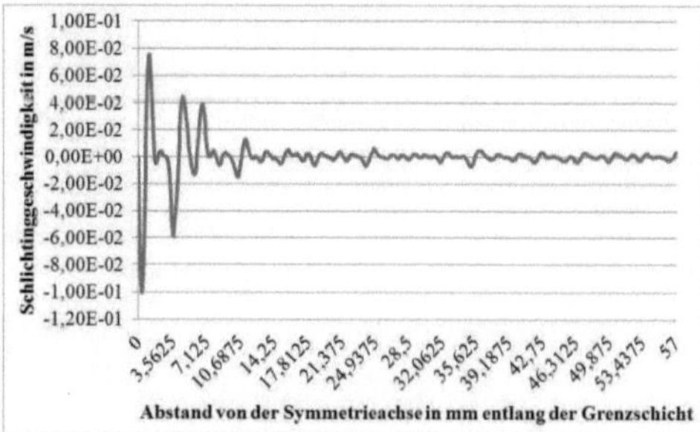

(b) Schlichtinggeschwindigkeit bei f =861 kHz

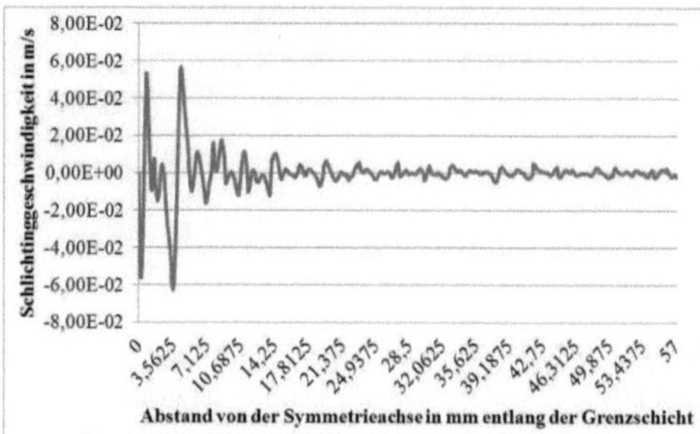

(c) Schlichtinggeschwindigkeit bei f =1136 kHz

Abbildung 6.12: Schlichtingströmung entlang der Grenzschicht bei unterschiedlichen Frequenzen und einem Ringinnendurchmesser von d_{I} =30 mm und einem Außendurchmesser d_{A} =40 mm

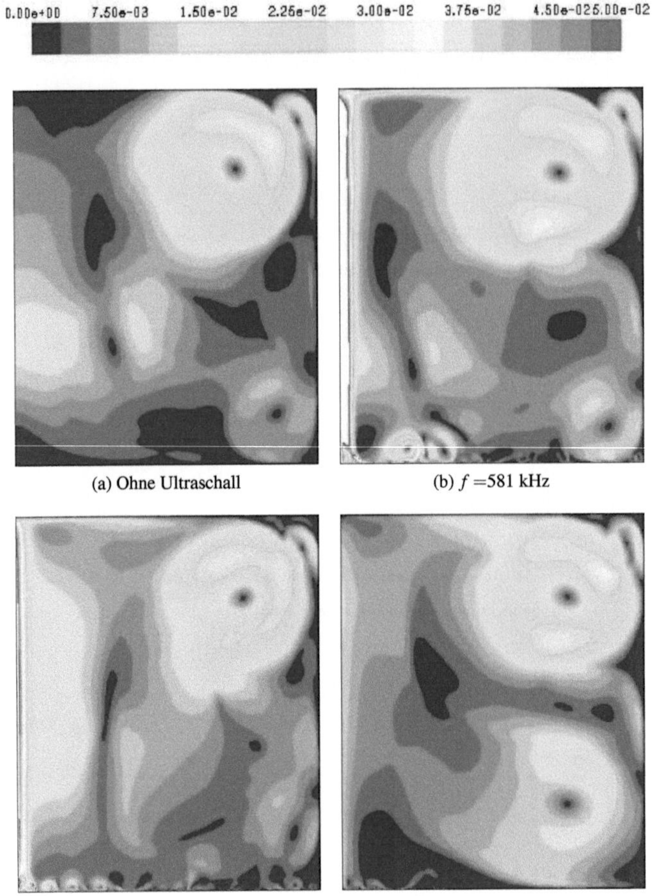

(a) Ohne Ultraschall

(b) f =581 kHz

(c) f =861 kHz

(d) f =1136 kHz

Abbildung 6.13: Simulierte, globale Schmelzenströmung in m/s bei unterschiedlichen Frequenzen und einem Ringinnendurchmesser von d_{I} =20 mm und einem Außendurchmesser d_{A} =30 mm

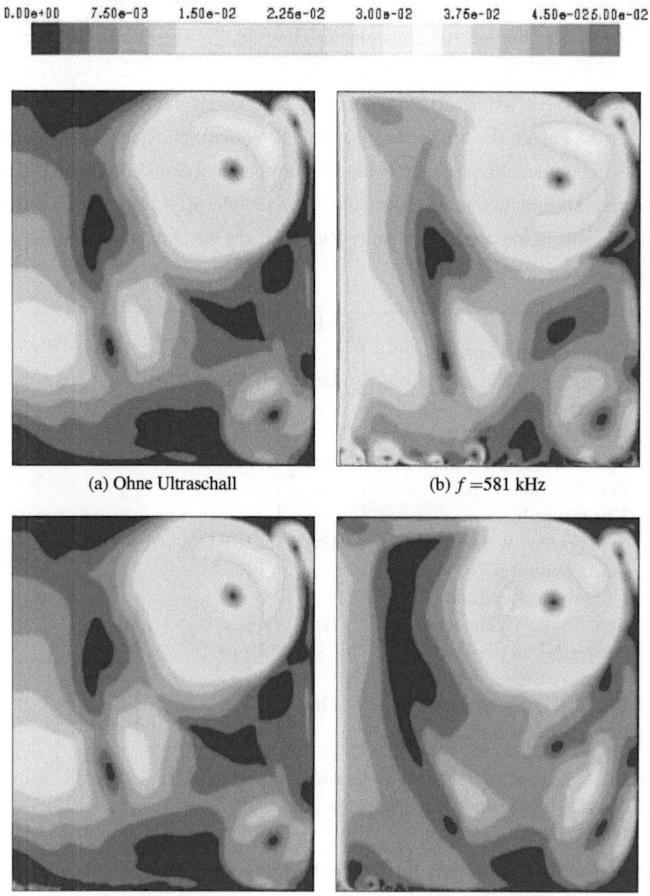

(a) Ohne Ultraschall (b) f =581 kHz

(c) f =861 kHz (d) f =1136 kHz

Abbildung 6.14: Simulierte, globale Schmelzenströmung in m/s bei unterschiedlichen Frequenzen und einem Ringinnendurchmesser von d_{I} =30 mm und einem Außendurchmesser d_{A} =40 mm

6.2.4 Ergebnisse für die Überlagerung mit einem Wandermagnetfeld

In diesem Abschnitt soll die Überlagerung aus einem Ultraschallfeld mit einem Wandermagnetfeld analysiert werden. Ein Wandermagnetfeld (siehe dazu auch Kapitel 2.5) wird erzeugt von einem Spulensystem, die in axialer Richtung um den Tiegel verlaufen. Zwischen den einzelnen Spulen werden die Phasen des Stromes um bestimmte Winkel verschoben. Ein Wandermagnetfeld hat gegenüber einem einphasigen Feld, das nur von einer Spule erzeugt wird, den Vorteil, dass die Lorentzkraft nicht nur eine Komponente in radialer Richtung besitzt. Zusätzlich entsteht noch eine Kraftkomponente in axialer Richtung, die zur Anregung der globalen Schmelzenströmung sehr gut geeignet ist.

Größe	Einheit	Wert
Germaniumschmelze		
Spezifischer Widerstand ρ_{GS}	Ωm	$0,588 \times 10^{-6}$
Permeabilität $\mu_{r,GS}$	-	1
Germaniumkristall		
Spezifischer Widerstand ρ_{GK}	Ωm	$4,6 \times 10^{-1}$
Permeabilität $\mu_{r,GK}$	-	1
Kupferspule		
Spezifischer Widerstand ρ_{Cu}	Ωm	2×10^{-8}
Permeabilität $\mu_{r,Cu}$	-	1
Umgebungsmedium		
Spezifischer Widerstand ρ_{U}	Ωm	10
Permeabilität $\mu_{r,U}$	-	1
Bornitridtiegel		
Spezifischer Widerstand ρ_{T}	Ωm	10
Permeabilität $\mu_{r,T}$	-	1

Tabelle 6.5: Ergänzende Materialparameter von Germaniumschmelze und -kristall, Kupferspule, Bornitridtiegel und Umgebungsmedium

Im hier simulierten Fall handelt es sich um drei Spulen mit jeweils einer Windung. In jeder Windung fließt der Strom I = 250 A. Zwischen den Spulen gibt es jeweils eine Phasenverschiebung. Die unterste Spule hat den Phasenwinkel 0°, die mittlere einen von 100° und die oberste hat einen Winkel von 200°. Jede Spulenwindung hat eine Höhe von 10 mm und eine Breite von ebenfalls 10 mm. Die drei Spulen haben jeweils einen Abstand von 12 mm voneinander. Der Abstand zwischen Spule und Tiegel beträgt 5 mm. Um den Einfluss des Magnetfeldes auf die Schmelzenkonvektion zu berechnen, muss zuerst eine stationäre elektromagnetische

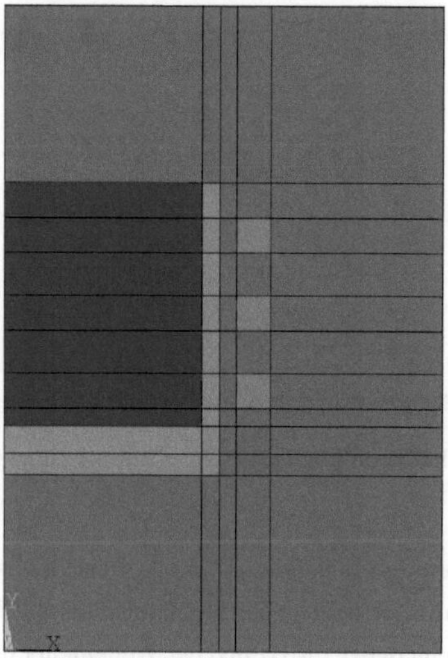

Abbildung 6.15: Numerisches Model der Simulationsanordnung

Analyse der Tiegelanordnung durchgeführt werden. Das zugehörige numerische Modell ist in Abbildung 6.15 dargestellt. Dieses entspricht im Wesentlichen dem numerischen Modell aus Abbildung 6.1. Es wurde allerdings um eine größere Lufthülle und um die drei Spulensysteme erweitert.

Die Materialparameter, die zur Berechnung notwendig sind, sind in Tabelle 6.5 aufgelistet. Die Simulation wurde mit dem Softwarepaket ANSYS durchgeführt. Als Ergebnis erhält man die Kraftdichteverteilung des gesamten Systems, wobei für die weiteren Berechnungen nur die Werte innerhalb der Schmelze benötigt werden. Die Kraftdichteverteilung innerhalb der Schmelze ist in Abbildung 6.16 dargestellt, unterteilt in die radiale und axiale Komponente.

Die ermittelte Kraftdichteverteilung wird anschließend als Randbedingung für eine Strömungssimulation eingesetzt. Diese Berechnung wird wieder mit dem Softwareprogramm FLUENT durchgeführt. Die Ergebnisse sind in Abbildung 6.17 dargestellt. Abbildung 6.17 (a) zeigt die Strömung in der Schmelze ohne ein angelegtes externes Kraftfeld.

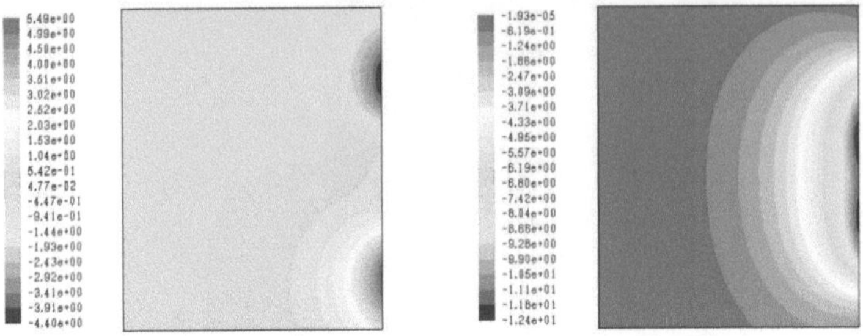

(a) Radiale Kraftdichteverteilung (b) Axiale Kraftdichteverteilung

Abbildung 6.16: Kraftdichteverteilung in der Germaniumschmelze in N/m^3

Das Strömungsbild ist daher identisch zu bereits gezeigten Konvektionsbildern ohne Ultraschall in diesem Kapitel. Abbildung 6.17 (b) zeigt das Strömungsbild mit Ultraschallbeeinflussung. Die Ultraschallfrequenz beträgt dabei 1 MHz und der Wellenleiter hat einen Durchmesser von 10 mm. Das Bild wurde bereits in Abbildung 6.9 (b) gezeigt. In Abbildung 6.17 (c) ist der Fall dargestellt, dass das oben beschriebene Wanderfeld wirkt, allerdings kein Ultraschallfeld. Die letzte Abbildung 6.17 (d) ist eine Kombination aus 6.17 (b) und 6.17 (c), bei der sowohl das Wanderfeld als auch das Ultraschallfeld Einsatz finden. Es ist zu erkennen, dass die Grundströmung bei einem angelegten Wanderfeld höher ist, als bei der gleichen Anordnung ohne Wanderfeld. Es lässt sich daraus schließen, dass das Wanderfeld in erster Linie die globale Schmelzenkonvektion beeinflusst.

Das Ultraschallfeld hat hingegen einen etwas anderen Effekt. Es verursacht, wie bereits schon in den vorherigen Abschnitten beschrieben, kleine Strömungswirbel entlang der Phasengrenze. Kommen nun beide externen Kraftfelder, Ultraschall- und Wandermagnetfeld, zusammen, so überlagern sich diese beiden Effekte. Es wirkt eine gesteigerte, globale Schmelzenströmung mit zusätzlichen kleinen Wirbeln entlang der Phasengrenze. Aus Sicht der Kristallzüchtung ist diese Art der Feldüberlagerung optimal. Aufgrund der kleinen Wirbel wird die schädliche Diffusionsgrenzschicht in ihrer Dicke reduziert. Die Wirbel transportieren die Schmelze von der Phasengrenze weg. Das ebenfalls wirkende Wanderfeld treibt eine globale Strömung an und verteilt die von der Phasengrenze weg transportierte Schmelze weiter im übrigen Schmelzvolumen.

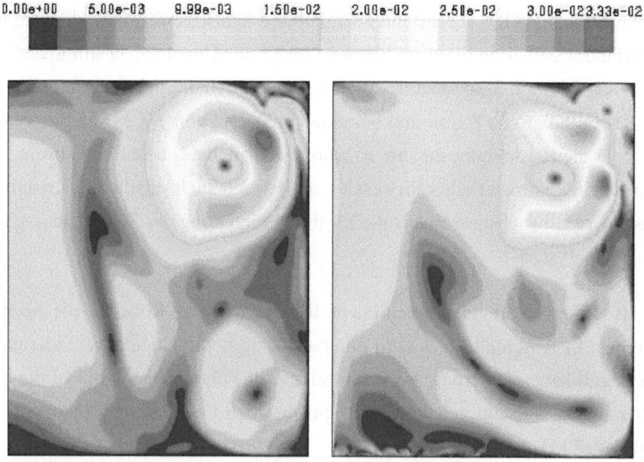

(a) Ohne Ultraschall und ohne Wanderfeld

(b) Mit Ultraschall der Frequenz $f = 1$ MHz

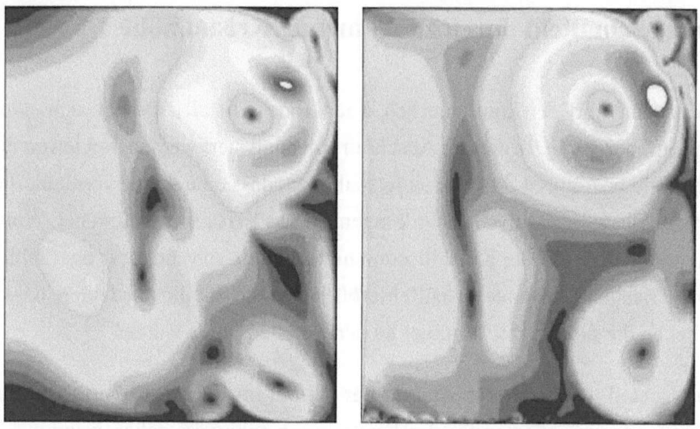

(c) Mit angelegtem Wanderfeld

(d) Mit angelegtem Wanderfeld und Ultraschall der Frequenz $f = 1$ MHz

Abbildung 6.17: Simulierte, globale Schmelzenströmungsgeschwindigkeit in m/s

6.3 Erzeugung transienter Schallfelder

Die in den Kapiteln 6.2.1 bis 6.2.4 vorgestellten Ergebnisse haben gemeinsam, dass sie alle die Schall- bzw. Strömungssituation für einen bestimmten Zustand zu einem bestimmten Zeitpunkt beschreiben. Abbildung 6.3 (e) zeigt beispielsweise den Schalldruck für den Fall einer bereits erstarrten Kristallhöhe von 8 mm und bei einer Frequenz von $f = 1136$ kHz. Würde sich die Frequenz oder die Kristallhöhe ändern, so würde sich auch das Schallbild abwandeln. Da die Kristallisation ein kontinuierlicher Prozess ist, ändert sich auch ständig die Kristallhöhe. Inwieweit dieses Kristallwachstum eine Rolle für die Veränderung des Schallfeldes spielt, wird in Kapitel 6.3.1 analysiert.

Die Frequenz als weiterer Parameter spielt ebenfalls eine wichtige Rolle für die Ausprägung des Schallfeldes. In Abschnitt 6.3.2 wird untersucht, ob bereits kleine Veränderungen der Frequenz eine signifikante Änderung des Schallfeldes zur Folge haben. Obwohl die Frequenz bei allen Versuchen konstant gehalten wird, gibt es doch Frequenzschwankungen am Generator, die etwa +/- 1 kHz betragen können.

6.3.1 Transientes Schallfeld durch zunehmende Kristallhöhe

Wie bereits beschrieben, führt der kontinuierlich wachsende Kristall zu einer sich ständig ändernden Simulationsanordnung. In diesem Abschnitt soll analysiert werden, inwieweit diese Änderung das Schallfeld beeinflusst. Vorweg ist festzuhalten, dass eine solche kontinuierliche Änderung des Schallfeldes sehr positive Auswirkungen auf das Kristallwachstum hat. Würden sich die Schallfeldgrößen während der Kristallisation nicht ändern, so wäre dies sogar schlecht für die Qualität des Kristalls. Konstante Schallfeldgrößen würden nämlich bedeuten, dass die entstehenden Wirbel an der Grenzschicht immer an der gleichen Stelle wären.

Dies hätte den Nachteil, dass sich die Struktur der Wirbel im Kristall in Form von Striations abbilden würden. Am günstigsten für das Kristallwachstum wäre daher, wenn sich die Lage und Intensität der Wirbel ständig verändern würde, so dass diese Striations nicht entstehen können. Um dies nun genauer zu analysieren, wurde das Schallfeld zu verschiedenen Zeitpunkten untersucht. Dabei wird von einem Schallleiterdurchmesser von $d = 10$ mm und einer Frequenz von $f = 1136$ kHz ausgegangen.

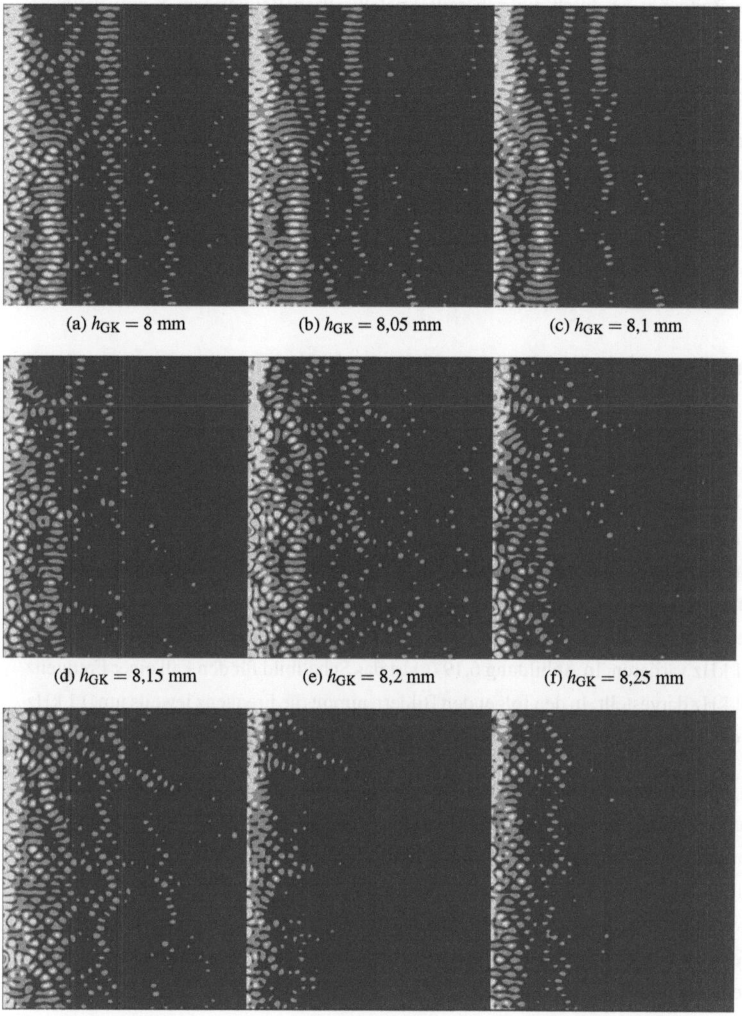

(a) $h_{GK} = 8$ mm (b) $h_{GK} = 8{,}05$ mm (c) $h_{GK} = 8{,}1$ mm

(d) $h_{GK} = 8{,}15$ mm (e) $h_{GK} = 8{,}2$ mm (f) $h_{GK} = 8{,}25$ mm

(g) $h_{GK} = 8{,}3$ mm (h) $h_{GK} = 8{,}35$ mm (i) $h_{GK} = 8{,}4$ mm

Abbildung 6.18: Schalldruckfeld der Schmelze in Pa bei zunehmender Kristallhöhe h_{GK}und einer Frequenz von f =1136 kHz, Legende wie in Abbildung 6.3(e)

Der erste Zeitpunkt ist durch einen bereits kristallisierten Bereich von 8 mm definiert. Der zweite Zeitpunkt ist, wenn der Kristall um 0,05 mm gewachsen ist, also eine Höhe von 8,05 mm besitzt. Der jeweils nächste Zeitpunkt ist, wenn der Kristall wieder um 0,05 mm gewachsen ist. In Abbildung 6.18 sind die Schallbilder für die verschiedenen Zeitpunkte bzw. Kristallhöhen dargestellt. Insgesamt wächst der Kristall in dieser Bilderserie um 0,4 mm. Geht man von einer durchschnittlichen Kristallwachstumsgeschwindigkeit von 10 mm pro Stunde aus, so entspricht dieses Kristallwachstum einer Zeitspanne von 2 min und 24 s. Es wird deutlich, dass sich das Schallfeld bereits in dieser relativen kurzen Zeitspanne signifikant gewandelt hat.

6.3.2 Transientes Schallfeld durch variierende Frequenz

Neben der zunehmenden Kristallhöhe gibt es bei der Kristallzüchtung noch einen weiteren Parameter, der das Schallfeld verändert: die Frequenz. Wie bereits in Abschnitt 6.2.1 gezeigt wurde, wird über die Frequenz die Wellenlänge des Ultraschalls bestimmt. Je größer die Frequenz wird, desto kleiner wird die Wellenlänge und desto mehr Maxima stehender Wellen, auch Moden genannt, passen nebeneinander. Bisher wurden nur weit voneinander entfernte Frequenzen miteinander verglichen, jedoch keine kleineren Schwankungen. Kleine Veränderungen treten allerdings beim Betrieb durchaus auf. So kann die eingestellte Frequenz durchaus um +/- 1 kHz variieren. In Abbildung 6.19 (a) ist das Schallbild für den Fall einer Frequenz von $f = 861$ kHz dargestellt. In den folgenden Bildern nimmt die Frequenz jeweils um 0,1 kHz zu, so dass das letzte Bild 6.19 (i) eine Frequenz von $f = 861{,}8$ kHz aufweist.

Es wird sichtbar, dass bereits bei dieser kleinen Schwankung das Schallbild deutliche Variationen zeigt. Dies sollte als Möglichkeit aufgefasst werden, das Schallbild gezielt durch Frequenzvariationen zu beeinflussen. Es wäre sinnvoll, die eingesetzte Frequenz bewusst in einem bestimmten Bereich schwanken zu lassen, um auf diese Weise das Schallbild immer wieder zu verändern. In Kombination mit den in Abschnitt 6.3.1 beschriebenen Variationen des Schallfeldes durch den wachsenden Kristall gibt es nun bereits zwei Parameter, durch die das Schallfeld beeinflusst werden kann.

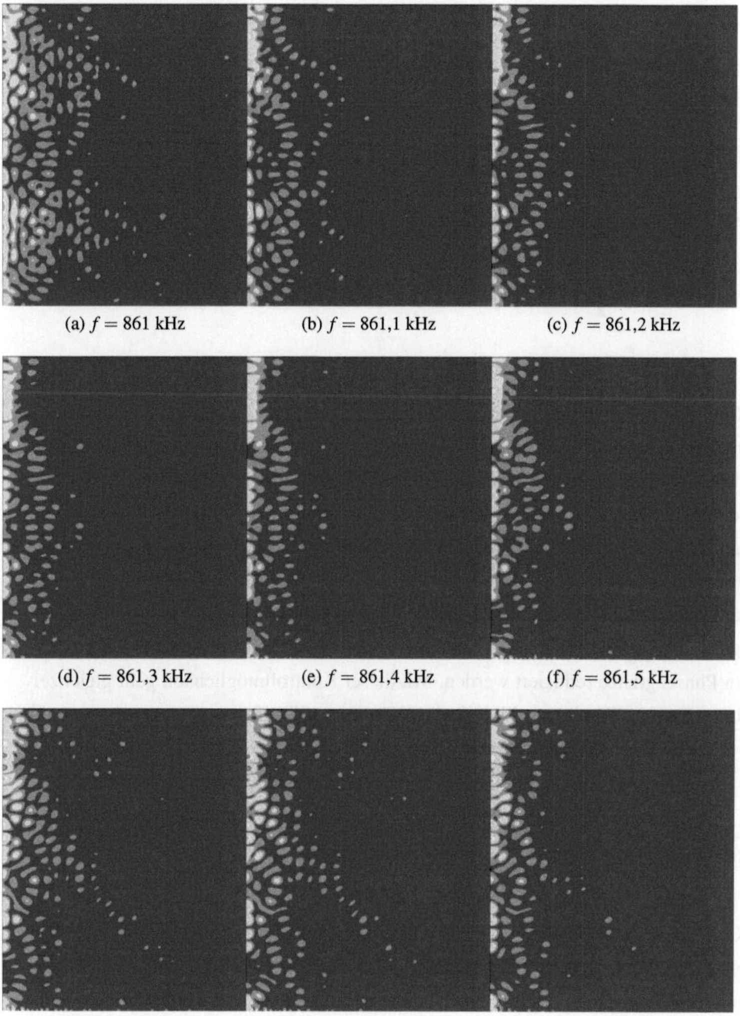

(a) $f = 861$ kHz (b) $f = 861{,}1$ kHz (c) $f = 861{,}2$ kHz

(d) $f = 861{,}3$ kHz (e) $f = 861{,}4$ kHz (f) $f = 861{,}5$ kHz

(g) $f = 861{,}6$ kHz (h) $f = 861{,}7$ kHz (i) $f = 861{,}8$ kHz

Abbildung 6.19: Schalldruckfeld der Schmelze in Pa bei variierender Frequenz f, Legende wie in Abbildung 6.3(c)

7 Numerische Untersuchung der Schmelzenbeeinflussung durch niederfrequente Vibrationen

In diesem Kapitel wird die Beeinflussung der Schmelzenströmung durch niederfrequente Vibrationen untersucht. Dazu wurden numerische Simulationen mit dem kommerziellen Softwareprogramm FLUENT realisiert. Zharikov hat bereits einige Simulationen und auch praktische Experimente auf diesem Gebiet der Schmelzenbeeinflussung durchgeführt. Er konzentrierte sich dabei auf das Züchtungsverfahren nach Czochralski und das Bridgmanverfahren, wobei er sehr positive Ergebnisse beobachtete. Es zeigte sich, dass die Strömungsgeschwindigkeit an der Phasengrenze erhöht und stabilisiert werden kann. Auf diese Weise kann die Dicke der Temperaturgrenzschicht und gleichzeitig auch der schädlichen Diffusionsgrenzschicht an der fest-flüssigen Phasengrenze reduziert werden. Mit dieser Kontrollmöglichkeit geht gleichzeitig eine Verbesserung der Wachstumskinetik, des Wärme- und Stofftransports, der Dotierstoffverteilung sowie der Kristallwachstumsrate einher (siehe dazu auch Kapitel 3.1.1).

7.1 Beschreibung der Ausgangssituation

In diesem Kapitel soll die Wirkungsweise der Vibrationsanwendung am VGF-Verfahren (Vertical Gradient Freeze) untersucht werden. Das VGF-Verfahren ist das am häufigsten genutzte Verfahren zur Herstellung von Verbindungshalbleitern. Außerdem ist das VGF-Verfahren eine sehr wichtige Kristallzüchtungsmethode zur industriellen Produktion von multikristallinen Halbleitern (siehe dazu auch Kapitel 2.3). Die Ergebnisse dieser Arbeit lassen sich somit auch auf die wirtschaftlich interessante Herstellung von Silizium für die Photovoltaikindustrie, aber

Größe	Einheit	Wert
Dichte ρ bei 1511 K	kg/m^3	$5,72 \times 10^3$
Dynamische Viskosität η	$kg/(m\,s)$	$2,79 \times 10^{-3}$
Thermischer Expansionskoeffizient β	$1/K$	$1,87 \times 10^{-4}$
Wärmekapazität c_p	$J/(kg\,K)$	434
Wärmeleitfähigkeit λ	$W/(m\,K)$	$17,8$

Tabelle 7.1: Materialparameter von Galliumarsenid (GaAs) [62]

auch auf andere III-V oder II-VI Verbindungshalbleiter übertragen. Das untersuchte Material im folgenden Abschnitt ist der III-V Verbindungshalbleiter Galliumarsenid (GaAs), dessen Materialparameter in Tabelle 7.1 zusammengestellt sind.

Die analysierte VGF-Anordnung ist in Abbildung 7.1 dargestellt. Der Schmelzcontainer beziehungsweise Tiegel hat eine zylindrische Form und besteht aus pyrolytischem Bornitrid (PBN). Die Wandstärke des Tiegels beträgt über die gesamte Fläche einheitlich 1 mm. Die enthaltene Schmelze hat einen Durchmesser von 100 mm und eine Höhe von 130 mm. Oben auf der Schmelze liegt zum Schutz Bortrioxid (B_2O_3), dessen Viskosität erheblich größer als die von Galliumarsenid ist. Der Vibrationsstempel hat einen Durchmesser von 80 mm und eine Dicke von 10 mm. Er ist in einer Entfernung von 20 mm zum Tiegelboden angebracht. Der Kristall wächst beim VGF-Verfahren vom Tiegelboden in Richtung Schmelzenoberfläche.

Der Tiegelboden ist daher zu Beginn des Prozesses die Phasengrenze, die sich dann im weiteren Verlauf nach oben bewegt. Der Boden ist aus diesem Grund der interessante Teil des Tiegelsystems zur Beurteilung der richtigen Funktionsweise der Vibrationsbeeinflussung. Die Temperatur der Phasengrenze und damit zum Startbeginn auch die Temperatur am Boden beträgt 1238°C. Dies entspricht der Schmelztemperatur von Galliumarsenid. Der axiale Temperaturgradient in der Schmelze liegt üblicherweise bei 4 K/cm und ist über das gesamte Volumen konstant. Die verwendete Vibrationsfrequenz beträgt $f = 100$ Hz und die dazugehörige Vibrationsamplitude $\hat{x} = 50\ \mu m$.

7.2 Vorstellung des numerischen Modells

Zur numerischen Modellierung der Schmelzenbeeinflussung wurde das Softwareprogramm FLUENT verwendet. Da die Tiegelanordnung zylinderförmig ist, wurde zur Berechnung ein

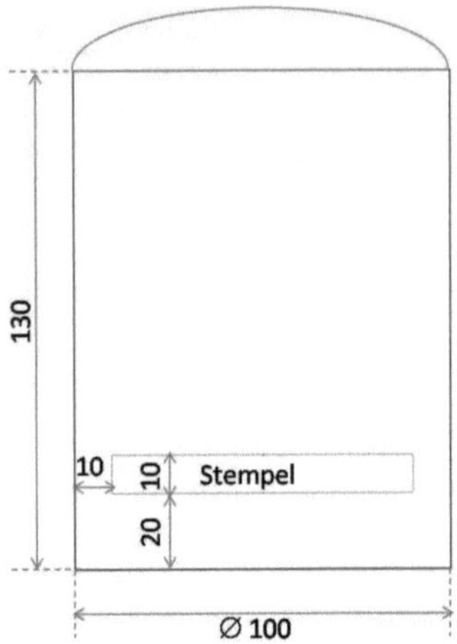

Abbildung 7.1: Maße der untersuchten Tiegelanordnung in mm

rotationssymmetrisches 2D-Model des Aufbaus benutzt. Es wurde ein sehr feines Netz aus quadratischen Elementen verwendet. Die Diskretisierung beträgt dabei überall konstant 6 Elemente pro mm. Als Vereinfachung der Anordnung wurden die Tiegelwand und der Tiegelboden als stationäre Wand mit einer Dicke von 0 mm definiert. An den Wänden herrscht eine „no-slip"-Randbedingung und es wurden Temperaturen vorgegeben. Die Wärmequellendichte in den Wänden wurde ebenfalls zu null angenommen. Die Seiten des Vibratorstempels wurden als „velocity-inlet" modelliert. Dazu musste eine Strömungsgeschwindigkeit und eine Strömungsrichtung am Stempel definiert werden. Die Geschwindigkeitsamplitude $\hat{v}$ des Stempels kann aus dessen Frequenz und Auslenkungsamplitude $\hat{x}$ nach Umstellung von Formel (4.3) berechnet werden:

$$\hat{v} = 2\pi f \cdot \hat{x} \tag{7.1}$$

Die Geschwindigkeitsamplitude beträgt 3,14 cm/s und wird am „velocity-inlet" als zeitabhängige, harmonische Wechselgröße festgelegt:

$$v(t) = 3,14\ \mathrm{cm/s} \cdot \sin(2\pi\ 100\ \mathrm{Hz} \cdot t) \tag{7.2}$$

Zusätzlich zur Geschwindigkeitsrandbedingung wurde am Stempel auch die Temperatur als Randbedingung festgesetzt. Die Schutzschicht aus Bortrioxid auf der Schmelze konnte vernachlässigt werden. Die Schmelzenoberfläche wurde als „pressure-outlet" simuliert. Eine Simulation der Oberfläche als stationäre Wand wäre nicht möglich gewesen, da aufgrund der „velocity-inlets" die Druckbilanz im Tiegelsystem nicht mehr gestimmt hätte. Des Weiteren wurde an der Oberfläche eine Rückflusstemperatur festgelegt. Das Fluid wurde als inkompressibel angenommen und mit den oben aufgelisteten Materialparametern für Galliumarsenid belegt. Um die Strömung zusammen mit der Temperatur zu berechnen, wurde die Boussinesq-Approximation verwendet, bei der die Dichtevariationen in der Schmelze vernachlässigt werden. Zur Berücksichtigung der Massenerhaltung und der Impulserhaltung wurde der druckbasierte Solver von FLUENT angewendet. Eine weitere Vereinfachung der Anordnung war das Weglassen des Stiels des Vibrators.

Die Simulation der Schmelzenbeeinflussung durch Vibrationen wurde in drei Schritten durchgeführt. Der erste Schritt der Simulation bestand nur aus einer thermischen Berechnung der gesamten Tiegelanordnung mit einer thermischen Randbedingung. Dazu wurde an allen Wänden, an allen „velocity-inlets" und dem „pressure-outlet" eine Temperaturrandbedingung gesetzt, so dass sich im Innenraum des Tiegels ein Temperaturfeld mit einem Temperaturgradienten von 4 K/cm und am Boden eine Temperatur von 1238 °C einstellt. Diese stationäre Berechnung des Temperaturfeldes (steady-state Berechnung) wurde dann als Startbedingung für den zweiten Schritt der Simulation verwendet. Hier wurde eine stationäre Strömungssimulation (steady-state Berechnung) der gesamten Anordnung ohne Vibrationen durchgeführt. Die thermische Randbedingung für diesen zweiten Simulationsschritt bleibt dabei genauso bestehen wie im ersten Schritt. Der dritte Schritt der Simulation besteht aus einer transienten Berechnung der Strömung mit Berücksichtigung der Vibrationen. Dazu wurden die Temperatur- und die Geschwindigkeitsverteilung der Schmelze aus dem zweiten Berechnungsschritt als Startbedingung verwendet. Die Temperaturen an den Flächen werden auch hier wieder als Randbedingung eingesetzt.

7.3 Ergebnisse der Simulation

Der erste Schritt der Simulation bestand nur aus einer thermischen Berechnung des gesamten Tiegelsystems. Die Temperaturverteilung nach dieser Berechnung ist in Abbildung 7.2 zu sehen. Es ist zu erkennen, dass der Temperaturgradient über das gesamte Schmelzenvolumen konstant ist. Die Berechnung der stationären Strömung ohne Vibrationen ist in Abschnitt

7.3.1 und die darauf folgende Berechnung der transienten Strömung mit Berücksichtigung der Vibrationen in Abschnitt 7.3.2 dargestellt.

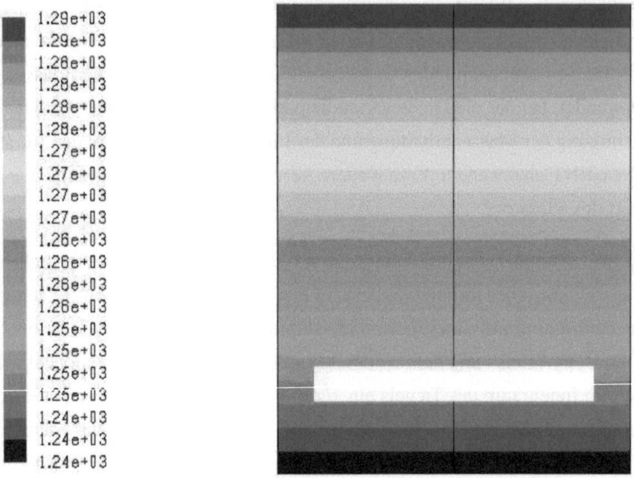

Abbildung 7.2: Temperaturverteilung in der Schmelze in K

7.3.1 Stationäre Strömungssimulation ohne Vibrationen

Bei der Berechnung der stationären Strömung ohne Vibrationen, dem zweiten Schritt der Simulation, hat sich das Temperaturfeld nicht wesentlich zu der Situation in Abbildung 7.2 verändert. In Abbildung 7.3 ist das stationäre Geschwindigkeitsfeld in m/s dargestellt. Abbildung 7.4 zeigt die Geschwindigkeitskomponenten in radialer und in axialer Richtung. In Abbildung 7.5 ist dann noch zusätzlich die Stromfunktion in kg/s veranschaulicht.

Es zeigt sich, dass bereits die reine Anwesenheit des Stempels eine veränderte Strömung im Vergleich zu bekannten Strömungssimulationen dieser Art zur Folge hat. Unterhalb des Stempels bildet sich ein zusätzlicher Wirbel aus, der bei Abwesenheit des Stempels nicht vorhanden wäre.

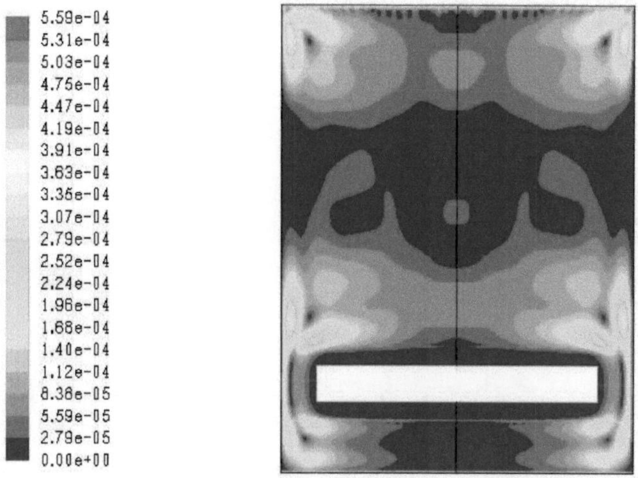

Abbildung 7.3: Geschwindigkeitsfeld in m/s ohne Vibrationen

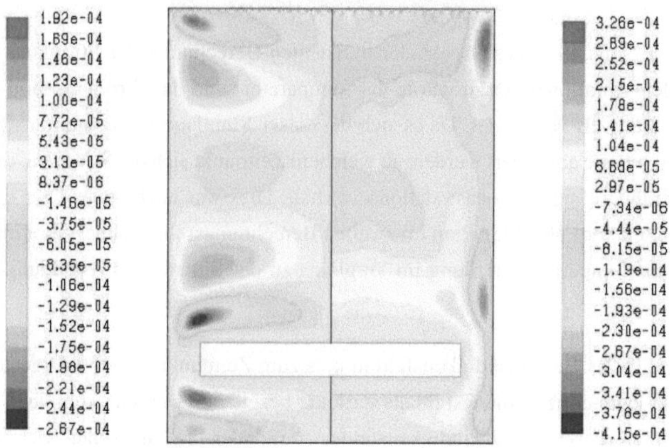

Abbildung 7.4: Geschwindigkeitsfeld in m/s in radialer Richtung links und in axialer Richtung rechts ohne Vibrationen

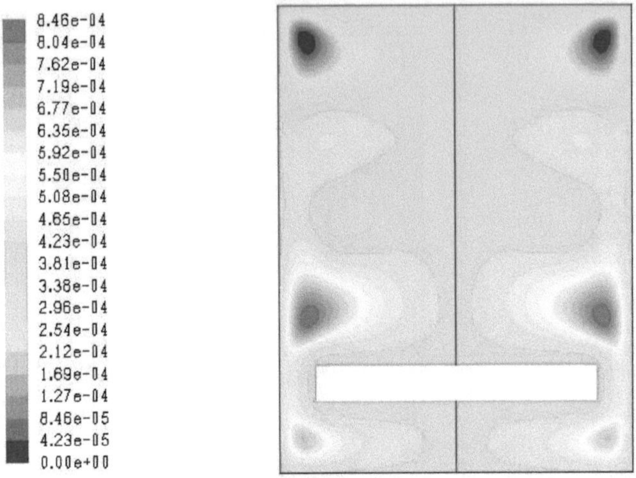

Abbildung 7.5: Stromfunktion in kg/s ohne Vibrationen

7.3.2 Transiente Strömungssimulation mit Vibrationen

Der dritte Schritt der Simulation besteht aus der transienten Berechnung der Strömung mit Berücksichtigung der Vibrationen. Dazu wurde das Temperatur- und das Strömungsbild aus Abschnitt 7.3.1 als Startwert verwendet. Da es sich bei dieser Simulation um eine transiente Berechnung handelt, musste analysiert werden, ab welchem Zeitpunkt sich die Strömung nicht mehr wesentlich verändert, sie sich quasi stationär verhält. Dies war nach etwas über einer Minute berechneter Zeit der Fall. Wie schon im zweiten Berechnungsschritt ohne Vibrationen hat sich auch hier die Temperaturverteilung im Vergleich zu der Situation in Abbildung 7.2 nicht verändert.

In Abbildung 7.6 ist das Geschwindigkeitsfeld in m/s zum Zeitpunkt $t = 75$ s dargestellt. Zu diesem Zeitpunkt kann das Strömungsbild als stationär bezeichnet werden. Abbildung 7.7 zeigt die Komponenten dieses Geschwindigkeitsfeldes in radialer und in axialer Richtung. In Abbildung 7.8 ist die Stromfunktion in kg/s illustriert. Es wird deutlich, dass sich bei Vibrationseinsatz die Geschwindigkeit der globalen Konvektion deutlich erhöht. Dies ist auch im besonderen Maße im Bereich unterhalb des Stempels zu beobachten. Dieses Gebiet ist

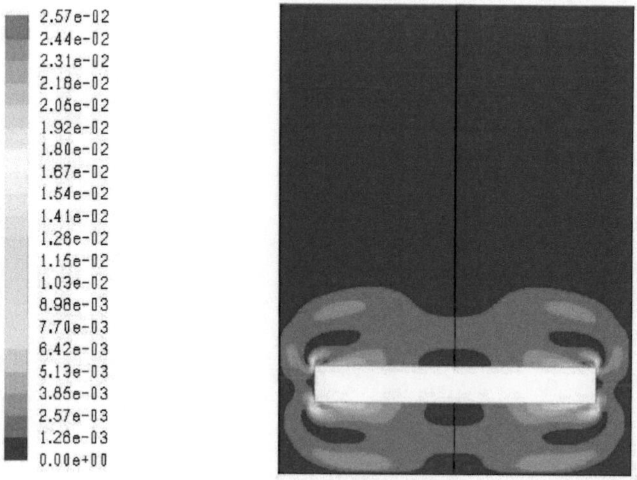

Abbildung 7.6: Geschwindigkeitsfeld in m/s mit Vibrationen zum Zeitpunkt $t = 75$ s

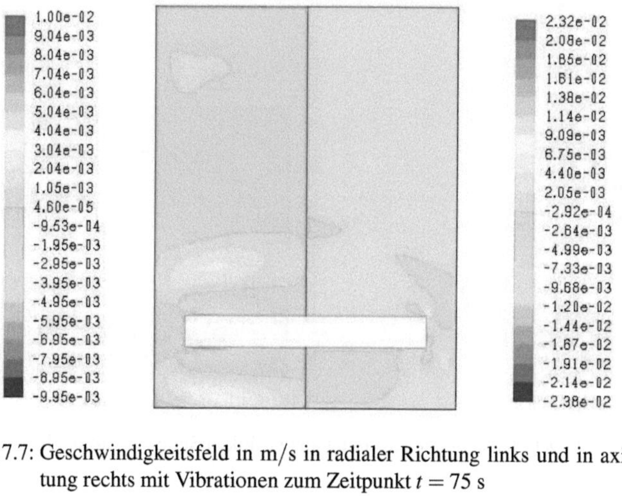

Abbildung 7.7: Geschwindigkeitsfeld in m/s in radialer Richtung links und in axialer Richtung rechts mit Vibrationen zum Zeitpunkt $t = 75$ s

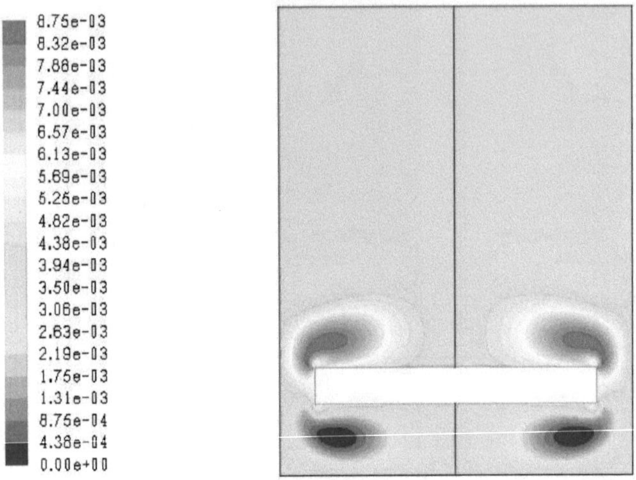

Abbildung 7.8: Stromfunktion in kg/s mit Vibrationen zum Zeitpunkt $t = 75$ s

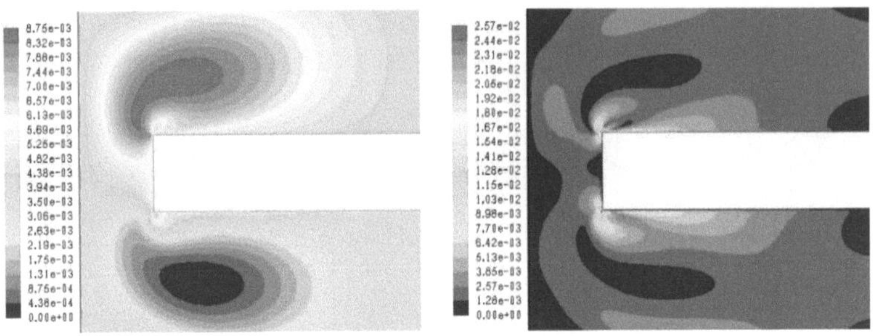

(a) Stromfunktion in kg/s

(b) Geschwindigkeitsfeld in m/s

Abbildung 7.9: Detailansicht der Strömung an der linken Seite des Stempels

von besonderer Wichtigkeit, da hier direkt auf die Phasengrenze Einfluss genommen wird. In Abbildung 7.9 ist der Bereich um die linke Stempelseite in einer Detailansicht vergrößert dargestellt.

Dabei ist auf der linken Seite die Stromfunktion in kg/s und auf der rechten Seite das Geschwindigkeitsfeld in m/s dargestellt. Es wird sichtbar, dass sich an den Kanten des Vibrationsstempels jeweils zwei Wirbel bilden. Diese beiden Wirbel erzeugen eine Strömung, die von den Stempelkanten wegführt. Diese Wirbel stehen im Einklang mit den numerischen und experimentellen Untersuchungen von Zharikov, der ebenfalls die Strömung in vibrationsbeeinflussten Schmelzen erforscht hat. Die untersuchte VGF-Anordnung konnte durch den Einsatz von Vibrationen optimiert werden. Aufgrund der erhöhten Strömungsgeschwindigkeit entlang der Phasengrenze ist es möglich, die Dicke der schädlichen Diffusionsgrenzschicht zu reduzieren.

8 Zusammenfassung

Die aktuelle Situation der Energieversorgung ist geprägt von einem ständigen Wandel hin zu regenerativen Energien. Fossile Energieträger werden auf dem Weltmarkt immer knapper und erzeugen bei ihrer Verbrennung Kohlenstoffdioxid und andere Treibhausgase. Im Sinne einer nachhaltigen Energie- und Umweltpolitik ist daher die Energieversorgung langfristig auf regenerative Energiequellen umzustellen. Insbesondere die Stromerzeugung durch Photovoltaikanlagen hat in den letzten Jahren einen starken Zuwachs erfahren. Dadurch ist gleichzeitig der Bedarf an Halbleiterkristallen, insbesondere von multikristallinem Silizium, zur Produktion von Solarzellen angestiegen. Auch die momentane Krise auf dem Solarmarkt wird diese Entwicklung langfristig nicht stoppen können.

Diese erhöhte Nachfrage an Wafern fordert von den Produzenten eine erhöhte Produktivität, eine Verbesserung der Kristallqualität und einen möglichst geringen Energieverbrauch bei geringen Kosten. Zur Erreichung dieser schwierigen Ziele wird die Größe der produzierten Kristalle konsequent ausgebaut. Diese gestiegene Kristallgröße erfordert allerdings auch größere Halbleiterschmelzen, was leider zu schädlichen Strömungsschwankungen in der Schmelze und damit später zu Inhomogenitäten in der Zusammensetzung des Kristalls führt. Um die Strömung in der Schmelze zu kontrollieren, ist der Einsatz von externen Kraftfeldern ein nützliches Mittel.

In dieser Arbeit konnte gezeigt werden, dass der Einsatz von Ultraschall und niederfrequenten Vibrationen einen positiven Einfluss auf die Kristallzüchtung hat. Es wurden numerische Simulationen und praktische Experimente zum Ultraschalleinsatz bei der Züchtung von monokristallinen Germaniumkristallen im VGF-Verfahren durchgeführt. Aufgrund des relativ geringen Schmelzpunktes ist Germanium eine beliebte Modellsubstanz zur Entwicklung des VGF-Prozesses für andere Halbleitermaterialien, wie beispielsweise Silizium. Die positiven Ergebnisse lassen sich somit auf die Herstellung von multikristallinem Silizium übertragen.

Die ersten Germaniumkristalle wurden in einer VGF-Anlage gezüchtet, in der sowohl ein Wandermagnetfeld als auch ein Ultraschallfeld aktiv war. Es konnte gezeigt werden, dass der Einsatz von Ultraschall einen direkten Einfluss auf die Dicke der schädlichen Diffusionsgrenzschicht hat. Sobald der Ultraschall eingeschaltet wurde, verschwanden die Wachstumsstreifen im Kristall und traten auch nicht wieder auf. Nachdem der Ultraschall ausgeschaltet wurde, wurden an der Phasengrenze „Blasen" in den Kristall eingebaut. Diese waren zuvor in den Knoten der stehenden Wellen gefangen und wurden dadurch an ihrem Einbau gehindert. Die EDX-Analyse ergab, dass in den Blasen keine Fremdelemente eingeschlossen waren. Bei der Analyse der axialen Dotierstoffkonzentration im Kristall zeigte sich, dass durch den Einsatz von Ultraschall die Kurve an die Optimalkurve von Scheil einer vollständigen Durchmischung angenähert werden konnte.

Die VGF-Anlage, in der die Germaniumkristalle gezüchtet wurden, war auch der Ausgangspunkt zahlreicher numerischer Simulationen. Dazu wurden die kommerziellen Softwareprogramme ANSYS und FLUENT verwendet. Dabei wurde zunächst das akustische Feld der gesamten Tiegelanordnung mit ANSYS berechnet. Die Ergebnisse der akustischen Geschwindigkeit an der fest-flüssig Phasengrenze wurden dann zur Berechnung der Schlichtingströmung verwendet. Die Schlichtingströmung wurde dann als Geschwindigkeitsrandbedingung für eine globale Strömungssimulation eingesetzt, die mit dem Programm FLUENT durchgeführt wurde. Es wurden verschiedene Parameterstudien und unterschiedliche Anordnungen durchgerechnet.

In einem ersten Simulationsschritt wurde der Einfluss der Ultraschallfrequenz auf die Strömung analysiert. Dazu wurden die drei Frequenzen 581 kHz, 861 kHz und 1136 kHz analysiert, die von der vorhandenen Ultraschallanlage abgegeben werden können. Es zeigte sich, dass sich entlang der Phasengrenze Strömungswirbel ausbilden, deren Größe von der Frequenz abhängig ist. Die größten Wirbel entstehen bei einer Frequenz von $f = 581$ kHz. Mit zunehmender Frequenz nimmt die Größe der Wirbel ab, so dass sie bei $f = 1136$ kHz am kleinsten sind. Bei der Frequenz $f = 581$ kHz ist die Beeinflussung der Diffusionsgrenzschicht optimal, da hier die höchsten Geschwindigkeitsamplituden vorliegen. Die Anzahl der Wirbel ist zwar nicht so hoch wie bei den höheren Frequenzen, aber dennoch immer noch ausreichend genug, um die Diffusionsgrenzschicht zu beeinflussen.

Des Weiteren wurde der Einfluss des Schallleiterdurchmessers auf die Strömung untersucht. Dazu wurden Schallleiter mit den Durchmessern 10 mm, 20 mm und 40 mm bei einer

Frequenz von $f = 1$ MHz verwendet. Es wurde deutlich, dass mit zunehmendem Schallleiterdurchmesser die Maximalwerte von Verschiebung und Druck abnehmen. Sowohl im festen als auch im flüssigen Bereich des Tiegelsystems scheinen sich mit zunehmendem Schallleiterdurchmesser die Schallfeldgrößen zu homogenisieren. Dies ist sowohl beim Schalldruck und der Verschiebung als auch bei der Schlichtinggeschwindigkeit zu beobachten. Des Weiteren treten bei zunehmendem Schallleiterdurchmesser die Grenzen zwischen Minima und Maxima des akustischen Feldes stärker hervor. Es ist daher der breiteste Schallleiter zu präferieren. Dieser ist aber technologisch schwer zu realsisieren, da Probleme wie beispielsweise die Schallleiterdurchführung, die Sonotrodenherstellung und die Wärmeabfuhr gelöst werden müssen.

In einer dritten Analysereihe wurde untersucht, welchen Einfluss der Einsatz von ringförmigen Schallleitern hat. Dazu wurden zwei verschiedene Ringleiter jeweils mit den drei verfügbaren Frequenzen verwendet, so dass sich insgesamt sechs verschiedene Kombinationsmöglichkeiten ergaben. Es konnte beobachtet werden, dass mit zunehmender Frequenz die Geschwindigkeitsamplitude entlang der Grenzschicht abnimmt. Außerdem wird die Geschwindigkeitsamplitude beim breiteren der beiden Ringleiterquerschnitte niedriger. Dafür ist die Geschwindigkeit allerdings homogener über die Phasengrenze verteilt. Als optimale Anordnung wird daher eine Kombination aus dem breiteren der beiden Schallleiterringe und einer Frequenz $f = 581$ kHz favorisiert.

Es wurde des Weiteren noch eine Überlagerung aus einem Wandermagnetfeld mit einem Ultraschallfeld berechnet. Das Wandermagnetfeld hatte dabei insgesamt eine nach unten gerichtete Kraftwirkung und das Ultraschallfeld eine Frequenz von $f = 1$ MHz. Das Wandermagnetfeld beeinflusste in erster Linie die globale Schmelzenkonvektion. Es zeigte sich, dass aus Sicht der Kristallzüchtung diese Art der Feldüberlagerung optimal ist. Aufgrund der kleinen Wirbel des Ultraschalls wird die schädliche Diffusionsgrenzschicht in ihrer Dicke reduziert. Gleichzeitig transportieren die Wirbel die Schmelze von der Phasengrenze weg. Das Wanderfeld treibt eine globale Strömung an und verteilt die Schmelze von der Phasengrenze im übrigen Schmelzvolumen.

Da es sich bei den bisher gemachten Analysen lediglich um Zustände zu einem bestimmten Zeitpunkt handelt, wurde auch das transiente Schallfeld untersucht. Es konnte gezeigt werden, dass sich das Schallfeld mit wachsendem Kristall immer wieder verändert. Bei Veränderungen der Kristallhöhe von nur 0,05 mm lassen sich bereits deutliche Veränderungen des

Schalldruckfeldes feststellen. Es ist somit davon auszugehen, dass sich die Strömung an der Phasengrenze während des Kristallisationsvorganges fortlaufend in Betrag und Richtung ändert. Des Weiteren wurde gezeigt, dass leichte Schwankungen der Frequenz ebenfalls bereits deutliche Änderungen des Schallfeldes zur Folge haben. Insgesamt lässt sich festhalten, dass der Einsatz des Ultraschalls einen positiven Einfluss auf die Kristallzüchtung hat. Aufgrund der Schlichtingströmung, die an der fest-flüssigen Phasengrenze entsteht, kann die Dicke der schädlichen Diffusionsgrenzschicht deutlich reduziert werden. Die ersten gezüchteten Germaniumkristalle bestätigen dieses Ergebnis.

In einem weiteren Abschnitt dieser Arbeit wurde die Wirkungsweise von niederfrequenten Vibrationen in der Züchtung von Galliumarsenidkristallen im VGF-Prozess untersucht. Dazu wurden numerische Simulation der globalen Schmelzenkonvektion mit dem Softwareprogramm FLUENT durchgeführt. Es konnte gezeigt werden, dass durch die Vibrationen die globale Konvektion im Bereich zwischen Vibratorstempel und fest-flüssiger Phasengrenze stark erhöht wird. Somit kann auch der Einsatz von Vibrationen ein geeignetes Instrument zur Reduzierung der Dicke der Diffusionsgrenzschicht sein. Allerdings ist beim Einsatz niederfrequenter Vibrationen immer zu überlegen, ob ein speziell ausgelegtes Magnetfeld die globale Strömung nicht genauso positiv beeinflussen kann.

9 Ausblick

Es konnte in dieser Arbeit gezeigt werden, dass der Einsatz von Ultraschall einen positiven Einfluss auf das Kristallwachstum haben könnte. Auf Grund der verbesserten Strömungsverhältnisse konnte die Dicke der schädlichen Diffusionsgrenzschicht reduziert werden. Diese Ergebnisse wurden am monokristallinen VGF-Prozess mit Germanium durchgeführt, was aufgrund des niedrigen Schmelzpunktes eine geeignete Modellsubstanz zur Entwicklung des VGF-Prozesses für andere Halbleitermaterialien ist. Die prinzipiellen Ergebnisse lassen sich daher direkt auf andere Stoffe wie Silizium und Cadmiumtellurid übertragen. Die positiven Eigenschaften des Ultraschalls werden auch bei diesen Stoffen vorhanden sein. Dennoch könnten weitere numerische Simulationen und praktische Zuchtexperimente mit diesen Materialien exaktere Ergebnisse und Vorhersagen liefern. Des Weiteren ist zu überlegen, bei welchen industriellen Züchtungsprozessen Ultraschall prinzipiell eingesetzt werden sollte.

Am sinnvollsten wäre natürlich der Einsatz von Ultraschall an sämtlichen Anlagen zur Produktion von multikristallinem Silizium. Dies könnten VGF-Anlagen, Blockgussanlagen und Bridgmananlagen sein. Der Schallleiter könnte analog zur beschriebenen Modellanlage zur Herstellung von Germanium von oben in die Schmelze geführt werden. Dass es möglich ist, den Schall über einen längeren keramischen Schallleiter zu transportieren, wurde in dieser Arbeit gezeigt. Für die großen Kristallmaße in der Photovoltaikindustrie müsste der Durchmesser des Schallleiters allerdings größer werden. Des Weiteren müsste die Einsatzfähigkeit des Schallleitermaterials überdacht werden. Da Silizium einen deutlich höheren Schmelzpunkt als Germanium besitzt, muss sich das Schallleitermaterial erst noch in einem Test bewähren.

Überlegenswert wäre auch der Einsatz von Ultraschall beim Czochralskiverfahren. Die besondere Herausforderung wäre hier die Zuführung des Ultraschalls. Wahrscheinlich müsste dabei eine Konstruktion gewählt werden, bei der der Ultraschall von unten in die Schmelze geleitet wird. Auch bei der Züchtung von Cadmiumtelluridkristallen oder anderen II-VI Verbindungshalbleitern könnte der Ultraschall eine Rolle spielen. Denkbar wäre hier beispielsweise der Einsatz von Ultraschall im Bridgman- oder im VGF-Verfahren.

Neben weiteren Versuchen und Anwendungsmöglichkeiten wären auch weitere numerische Simulationen interessant. Zum einen könnten die Züchtungsversuche mit den neuen Materialien verifiziert werden. Zum anderen könnten auch noch einige Prozessabläufe optimiert werden. Beispielsweise könnte die Wirkungsweise von mehrfrequentem Ultraschall analysiert werden. Überlegenswert wäre etwa die Überlagerung aus einem hochfrequentem Ultraschallfeld mit einem niederfrequenten Vibrator. Mit dieser Methode wären noch mehr Überlagerungen stehender Wellen in der Schmelze zu erwarten.

Literaturverzeichnis

[1] AGENTUR FÜR ERNEUERBARE ENERGIEN: *Der Strommix in Deutschland im Jahr 2010*. Berlin, August 2011

[2] ABRAMOV, O.V.: *High-Intensity Ultrasonics, Theory and Industrial Applications*. Gordon and Breach Science Publishers, 1998. – ISBN 90–5699–041–1

[3] BUNDESVERBAND ERNEUERBARE ENERGIEN E.V. (BEE): *Wege in die moderne Energiewirtschaft. Ausbauprognose der Erneuerbare-Energien-Branche. Teil 1: Stromversorgung 2020*. Berlin, Oktober 2009

[4] WEBER, E.R. ; STRYL-HIPP, G.: Der globale Forschungsmarkt für erneuerbare Energien: Wettbewerb und Technologiepartnerschaften. In: *FVEE-Themenheft Forschen für globale Märkte erneuerbarer Energien* (2009), S. 33–38

[5] HIRSHMAN, W.P. ; FAIDAS, M. ; FINIS, A.-L. ; LI, R.: Verhaltenes Lächeln auf langen Gesichtern. Die weltweite Zellproduktion hat sich 2008 auf 7,9 Gigawatt nahezu verdoppelt, doch die Zukunft ist ungewiss. In: *Photon Das Solarstrom-Magazin* (2009), April

[6] QUASCHNING, V.: *Erneuerbare Energien Und Klimaschutz*. 2. Carl Hanser Verlag München, 2009. – ISBN 978–3–446–41961–2

[7] GENTZOW, T.: *Photovoltaik und Solarthermie - Energienutzung aus Sonnenlicht*. Wuppertal: EnergieAgentur.NRW

[8] FRIEDRICH, J.: Gerichtete Erstarrung. In: *Siliziumherstellung für die Photovoltaik: Vom Rohstoff über die Kristallisation zum Wafer - 2. DGKK Schule* (2010), Juni

[9] WILKE, K.-Th. ; BOHM, J.: *Kristall Züchtung*. 2. Verlag Harri Deutsch, 1988. – ISBN 3–87144–971–7

[10] FRIEDRICH, J.: Ziehen von monokristallinen Silizium-Kristallen für die Photovoltaik. In: *Siliziumherstellung für die Photovoltaik: Vom Rohstoff über die Kristallisation zum Wafer - DGKK Seminar* (2009), Juni

[11] KAKIMOTO, K.: Crystal growth of semiconductor bulk crystals. In: *Selected Topics On Crystal Growth - 14th International Summer School on Crystal Growth.* Melville, New York : AIP Conference Proceedings, 2010, S. 93–106

[12] RUDOLPH, P.: Stofftransport, Fremdatome bei der gerichteten Erstarrung von Silizium. In: *Siliziumherstellung für die Photovoltaik: Vom Rohstoff über die Kristallisation zum Wafer - DGKK Seminar* (2009), Juni

[13] BURTON, J.A. ; PRIM, R.C. ; SLICHTER, W.P.: The Distribution of Solute in Crystals Growth from the Melt. Part I. Theoretical. In: *The Journal of Chemical Physics* 21 (1953), Nr. 11, S. 1987–1996

[14] RUDOLPH, P. ; KAKIMOTO, K.: Crystal Growth from the Melt under External Force Fields. In: *MRS Bulletin* 34 (2009), S. 251–258

[15] ZHARIKOV, E.V. ; PRIHOD'KO, L.V. ; STOROZHEV, N.R.: Bulk Flow Phenomenon in Czochralski Configuration Caused by Low Frequency Vibrations. In: *Cryst. Res. Technol.* 24 (1989), Nr. 8, S. 761–765

[16] ZHARIKOV, E.V. ; PRIHOD'KO, L.V. ; STOROZHEV, N.R.: Fluid Flow Formation Resulting From Forced Vibration Of A Growing Crystal. In: *Journal of Crystal Growth* 99 (1990), S. 910–914

[17] AVETISSOV, I.Ch. ; SADOVSKII, A.P. ; SUKHANOVA, E.A ; ZHARIKOV, E.V. ; BELOGOROKHOV, A.I. ; LEVONOVICH, B.N.: Czochralski crystal growth assisted by axial vibrational control technique. In: *Journal of Crystal Growth* 312 (2010), S. 1104–1108

[18] AVETISSOV, I.Ch. ; SUKHANOVA, E.A ; SADOVSKII, A.P. ; KOSTIKOV, V.A. ; ZHARIKOV, E.V.: Experimental and numerical modeling of Czochralski crystal growth under axial vibrational control of the melt. In: *Journal of Crystal Growth* 312 (2010), S. 1429–1433

[19] AVETISSOV, I.Ch. ; SADOVSKII, A.P. ; SUKHANOVA, E.A ; ZHARIKOV, E.V.: Single crystal growth by axial vibrational control technique in Czochralski configuration. In: *Journal of Crystal Growth* 318 (2011), S. 979–982

[20] FEDYUSHKIN, A.I. ; BOURAGO, N.G.: Influence Of Vibrations On Boundary Layers In Bridgeman Crystal Growth. In: *2nd Pan Pacific Basin Workshop on Microgravity Sciences* (2001), S. 1–11

[21] BARMIN, I.V. ; SENCHENKOV, A.S. ; AVETISOV, I.Ch. ; ZHARIKOV, E.V.: Low-energy methods of mass transfer control at crystal growth. In: *Journal of Crystal Growth* 275 (2005), S. 1487–1493

[22] FEDYUSHKIN, A. ; BOURAGO, N. ; POLEZHAEV, V. ; ZHARIKOV, E.V.: The influence of vibration on hydrodynamics and heat-mass transfer during crystal growth. In: *Journal of Crystal Growth* 275 (2005), S. 1557–1563

[23] LU, Y.C. ; SHIAU, J.J. ; FEIGELSON, R.S.: Effect Of Vibrational Stirring On The Quality Of Bridgman-Grown CdTe. In: *Journal of Crystal Growth* 102 (1990), S. 807–813

[24] KOZHEMYAKIN, G.N. ; KOSUSHKIN, V.G. ; KUROCHKIN, S.Y.: Growth of GaAs crystals pulled under the presence of ultrasonic vibrations. In: *Journal of Crystal Growth* 121 (1992), S. 240–242

[25] KOZHEMYAKIN, G.N. ; KOLODYAZHNAYA, L.G.: Growth striations in Bi-Sb alloy single crystals pulled in the presence of ultrasonic vibrations. In: *Journal of Crystal Growth* 147 (1995), S. 200–206

[26] KOZHEMYAKIN, G.N.: Influence of ultrasonic vibrations on the growth of InSb crystals. In: *Journal of Crystal Growth* 149 (1995), S. 266–268

[27] KOZHEMYAKIN, G.N.: Influence of ultrasonic vibrations on the growth of semiconductor single crystals. In: *Ultrasonics* 35 (1998), S. 599–604

[28] ZOLKINA, L.V. ; KOZHEMYAKIN, G.N.: Influence of ultrasound on the growth striations in $Ga_xIn_{1-x}Sb$ single crystals. In: *Functional Materials* 12 (2005), Nr. 4, S. 714–718

[29] KOZHEMYAKIN, G.N. ; ZOLKINA, L.V. ; ROM, M.A.: Influence of ultrasound on the growth striations and electrophysical properties of $Ga_xIn_{1-x}Sb$ single crystals. In: *Solid-State Electronics* 51 (2007), S. 820–822

[30] KOZHEMYAKIN, G.N. ; ZOLKINA, L.V. ; ROM, M.A.: Effect of Ultrasound on the Growth Striation and Electrical Properties of $Ga_{0,03}In_{0,97}Sb$ Single Crystals. In: *Crystallography Reports* 53 (2008), Nr. 7, S. 1236–1240

[31] KOZHEMYAKIN, G.N.: Imaging of convection in a Czochralski crucible under ultrasound waves. In: *Journal of Crystal Growth* 257 (2003), S. 237–244

[32] KOZHEMYAKIN, G.N. ; NEMETS, L.V.: Modeling of Convection during the Growth of $Ga_xIn_{1-x}Sb$ Single Crystals by the Czochralski Method in the Presence of Ultrasound. In: *Crystallography Reports* 54 (2009), Nr. 4, S. 707–711

[33] KOZHEMYAKIN, G.N.: Effect of Ultrasound on the Growth of Semiconductor Single Crystals. In: *Crystallography Reports* 49 (2004), Nr. 2, S. 318–323

[34] KOZHEMYAKIN, G.N. ; ZOLKINA, L.V. ; INATOMI, Y.: Influence of Ultrasound on Crystal Growth from Solution and Related Flow Visualization. In: *Crystal Growth & Design* 6 (2006), Nr. 10, S. 2412–2416

[35] ARAKELYAN, V.S. ; AVETISYAN, A.G.: Periodic Structures In Crystals Grown In Ultrasonic Field. In: *Journal of Crystal Growth* 85 (1987), S. 357–362

[36] VYSCHNEVSKIY, S.D. ; KRYVONOSOV, E.V. ; LYTVYNOV, L.A.: Ultrasound Effect on the Czochralski Growth of Corundum Crystals. In: *Inorganic Materials* 45 (2009), Nr. 9, S. 1009–1012

[37] DOLD, P. ; BENZ, K.W. ; CRÖLL, A. ; ROUX, B. ; LYUBIMOV, D. ; LYUBIMOVA, T. ; SCURIDYN, R.: Vibration Controlled Convection - Preparation And Perspective Of The Maxus 4 Experiment. In: *Acta Astronautica* 48 (2001), Nr. 5-12, S. 639–646

[38] LYUBIMOVA, T. ; SCURIDYN, R. ; CRÖLL, A. ; DOLD, P.: Influence of high frequency vibrations on fluid flow and heat transfer in a floating zone. In: *Cryst. Res. Technol.* 38 (2003), Nr. 7–8, S. 635–653

[39] DOLD, P.: *Control Of Flow And Segregation In Semiconductor Crystal Growth From The Melt.* Albert-Ludwigs-Universiät Freiburg i. Br., 2005

[40] KERAT, U.: *Einfluss von vibrationsinduzierter Konvektion auf die Kristallzüchtung aus der Schmelze*, Albert-Ludwigs-Universiät Freiburg i. Br., Diss., 2002

[41] JUN-WEN, L ; MOMONO, T. ; YING, F. ; ZHENG, J. ; TAYU, Y.: Effect of ultrasonic stirring on temperature distribution and grain refinement in Al-1.65%Si alloy melt. In: *Transactions of Nonferrous Metals Society of China* 17 (2007), S. 691–697

[42] HESS, S. ; KUJAWA, R. v.: Über den Einfluß von Ultraschall auf das Segregationsverhalten von Gold in Tellur bei normaler Erstarrung. In: *Kristall und Technik* 2 (1967), Nr. 1, S. 89–93

[43] HAYAKAWA, Y. ; SONE, Y. ; TATSUMI, K. ; KUMAGAWA, M.: Effect of Ultrasonic Vibrations in InSb Pulled Crystals. In: *Japanese Journal Of Applied Physics* 21 (1982), Nr. 9, S. 1273–1277

[44] KUMAGAWA, M. ; TSURUTA, T. ; NISHIDA, N. ; OHTSUKI, J. ; TAKAHASHI, K. ; ADACHI, S. ; HAYAKAWA, Y.: On Voids in $In_xGa_{1-x}Sb$ Crystals Grown by an Ultrasonic-Vibration-Introduced Czochalski Method. In: *Cryst. Res. Technol.* 29 (1994), Nr. 8, S. 1037–1044

[45] HURLE, D.T.J. ; JAKEMAN, E.: Effects Of Fluctuation On The Measurement Of Distribution Coefficients By Directional Solidification. In: *Journal of Crystal Growth* 5 (1969), S. 227–232

[46] KERN, A.: *Numerische Simulation von ultraschallunterstützten Reinigungsprozessen*, Düsseldorf, Diss., 2005

[47] MILLNER, R.: *Ultraschalltechnik: Grundlagen und Anwendungen*. Physik Verlag, 1987. – ISBN 3–87664–106–3

[48] KUTTRUFF, H.: *Physik und Technik des Ultraschalls*. S. Hirzel Verlag, 1988. – ISBN 3–7776–0427–5

[49] SCHLICHTING, H. ; GERSTEN, K.: *Grenzschicht-Theorie*. 10. Springer Verlag, 2005. – ISBN 3–540–23004–1

[50] ESKIN, G.I.: *Ultrasonic Treatment of Light Alloy Melts*. Gordon and Breach Science Publishers, 1998. – ISBN 90–5699–042–X

[51] ABRAMOV, O.V.: *Ultrasound in Liquid and Solid Metals*. CRC Press, 1994. – ISBN 0–8493–9355–8

[52] DRIDI, W. ; HENRY, D. ; BENHADID, H.: Influence of acoustic streaming on the stability of melt flows in horizontal Bridgman configurations. In: *Journal of Crystal Growth* 310 (2008), S. 1546–1551

[53] LEI, H. ; HENRY, D. ; BENHADID, H.: Numerical study of the influence of a longitudinal sound field on natural convection in a cavity. In: *International Journal of Heat and Mass Transfer* 49 (2006), S. 3601–3616

[54] SUTILOV, V.A.: *Physik des Ultraschalls - Grundlagen*. Springer Verlag, 1984. – ISBN 3–211–81798–0

[55] BRUNEAU, M.: *Fundamentals of Acoustics*. iste, 2006. – ISBN 1–905209–25–8

[56] ANSYS: *Theory Reference 15.3. - Damping Matrices*

[57] FRANK-ROTSCH, Ch. ; JOCKEL, D. ; ZIEM, M. ; RUDOLPH, P.: Numerical optimization of the interface shape at the VGF growth of semiconductor crystals in a traveling magnetic field. In: *Journal of Crystal Growth* 310 (2008), S. 1505–1510

[58] FRANK-ROTSCH, Ch. ; RUDOLPH, P.: Vertical gradient freeze of 4 inch GE crystals in a heater-magnet module. In: *Journal of Crystal Growth* 311 (2009), S. 2294–2299

[59] FRANK-ROTSCH, Ch. ; JUDA, U. ; UBBENJANS, B. ; RUDOLPH, P.: VGF growth of 4 in. Ga-doped germanium crystals under magnetic and ultrasonic fields. In: *Journal of Crystal Growth* 352 (2012), S. 16–20

[60] UBBENJANS, B. ; FRANK-ROTSCH, Ch. ; VIRBULIS, J. ; NACKE, B. ; RUDOLPH, P.: Numerical analysis of the influence of ultrasonic vibration on crystallization processes. In: *Cryst. Res. Technol.* 47 (2012), Nr. 3, S. 279–284

[61] UBBENJANS, B. ; FRANK-ROTSCH, Ch. ; VIRBULIS, J. ; NACKE, B. ; RUDOLPH, P.: Influence of Ultrasonic Treatment on Crystal Growth From Melt. In: *Proceedings of the 6th International Scientific Colloquium: Modelling for Material Processing*, Riga (Lettland), 16-17 September 2010, S. 79–84

[62] YAKOVLEV, E.V. ; KALAEV, V.V. ; EVSTRATOV, I.Yu. ; FRANK-ROTSCH, Ch. ; NEUBERT, M. ; RUDOLPH, P. ; MAKAROV, Yu.N.: Global heat and mass transfer in vapor pressure controlled Czochralsi growth of GaAs crystals. In: *Journal of Crystal Growth* 252 (2003), S. 26–36

Lebenslauf

Persönliche Daten

Name:	Bernhard Ubbenjans
Geburtsdatum:	11.08.1983
Geburtsort:	Koblenz

Schulausbildung

1990-1994	Grundschule Meppen
1994-1996	Orientierungsstufe, Sögel
1996-2003	Hümmling-Gymnasium, Sögel

Studium

10/2003-08/2008	Studium des Wirtschaftsingenieurwesens an der Leibniz Universität Hannover mit den Schwerpunkten Controlling und Energietechnik (Elektrotechnik)
09/2006-12/2006	Studium an der California Polytechnik University of Pomona (Calpoly Pomona)
seit 09/2008	Promotionsstudium der Elektrotechnik an der Leibniz Universität Hannover

Berufliche Tätigkeiten, Praktika

08/2003-09/2003	Meyer Werft Papenburg
04/2007-06/2007	EWE Westerstede
seit 09/2008	Wissenschaftlicher Mitarbeiter am Institut für Elektroprozesstechnik der Leibniz Universität Hannover